国家彩票公益金资助 · 大字版

顾森　著

思考的乐趣

Matrix67数学笔记

思维的尺度

中国盲文出版社

图书在版编目（CIP）数据

思维的尺度：大字版 / 顾森著. —北京：中国盲文出版社，2020.10

（思考的乐趣：Matrix67 数学笔记）

ISBN 978 - 7 - 5002 - 9863 - 2

Ⅰ.①思…　Ⅱ.①顾…　Ⅲ.①数学—普及读物
Ⅳ.①01 - 49

中国版本图书馆 CIP 数据核字（2020）第 125793 号

思维的尺度

著　　者：顾　森
出版发行：中国盲文出版社
社　　址：北京市西城区太平街甲 6 号
邮政编码：100050
印　　刷：东港股份有限公司
经　　销：新华书店
开　　本：710×1000　1/16
字　　数：47 千字
印　　张：7
版　　次：2020 年 10 月第 1 版　2020 年 10 月第 1 次印刷
书　　号：ISBN 978 - 7 - 5002 - 9863 - 2/0・40
定　　价：22.00 元
销售服务热线：（010）83190520

序一

我本不想写这个序。因为知道多数人看书不爱看序言。特别是像本套书这样有趣的书，看了目录就被吊起了胃口，性急的读者肯定会直奔那最吸引眼球的章节，哪还有耐心看你的序言？

话虽如此，我还是答应了作者，同意写这个序。一个中文系的青年学生如此喜欢数学，居然写起数学科普来，而且写得如此投入又如此精彩，使我无法拒绝。

书从日常生活说起，一开始就讲概率论教你如何说谎。接下来谈到失物、物价、健康、公平、密码还有中文分词，原来这么多问题都与数学有关！但有关的数学内容，理解起来好像并不是很容易。一个消费税的问题，又是图表曲线，又是均衡价格，立刻有了高深模样。说到最后，道理很浅显：向消费者收税，消费意愿减少，商人的利润也就减少；向商人收税，成本上涨，消费者也就要多出钱。数学就是这样，无论什么都能插进去说说，而且千方百计要把事情说个明白，力求返璞归真。

如果你对生活中这些事无所谓，就请从第二部分“数学之美”开始看吧。这里有“让你立刻爱上数学的 8 个算术游戏”。作者口气好大，区区几页文字，能让人立刻爱上数学？你看下去，就知道作者没有骗你。这些算术游戏做起来十分简单却又有趣，背后的奥秘又好像深不可测。8 个游戏中有 6 个与数的十进制有关，这给了你思考的空间和当一回数学家的机会。不妨想想做做，换成二进制或八进制，这些游戏又会如何？如果这几个游戏勾起了你探究数字奥秘的兴趣，那就接着往下看，后面是一大串折磨人的长期没有解决的数学之谜。问题说起来很浅显明白，学过算术就懂，可就是难以回答。到底有多难，谁也不知道。也许明天就有人想到了一个巧妙的解法，这个人可能就是你；也许一万年仍然是个悬案。

但是这一部分的主题不是数学之难，而是数学之美。这是数学文化中常说常新的话题，大家从各自不同的角度欣赏数学之美。陈省身出资两万设计出版了“数学之美”挂历，十二幅画中有一张是分形，是唯一在本套书这一部分中出现的主题。这应了作者的说法：“讲数学之美，分形图形是不可不讲的。”喜爱分形图的读者不妨到网上搜索一下，在图片库里有丰富的彩色分形图。一边读本书，一边欣赏神秘而美丽惊人的艺术作品，从理性和感性两方面享受思考和观察的乐趣吧。此外，书里还有不常见的信息，例如三角形居然有5000多颗心，我是第一次知道。看了这一部分，马上到网上看有关的网站，确实是开了眼界。

作者接下来介绍几何。几何内容太丰富了，作者着重讲了几何作图。从经典的尺规作图、有趣的单规作图，到疯狂的生锈圆规作图、意外有效的火柴棒作图，再到功能特强的折纸作图和现代化机械化的连杆作图，在几何世界里我们做了一次心旷神怡的旅游。原来小时候玩过的折纸剪纸，都能够登上数学的大雅之堂了！最近看到《数学文化》月刊上有篇文章，说折纸技术可以用来解决有关太阳能飞船、轮胎、血管支架等工业设计中的许多实际问题，真是不可思议。

学习数学的过程中，会体验到三种感觉。

一种是思想解放的感觉。从小学学习加减乘除开始，就不断地突破清规戒律。两个整数相除可能除不尽，引进分数就除尽了；两个数相减可能不够减，引进负数就能够相减了；负数不能开平方，引进虚数就开出来了。很多现象是不确定的，引进概率就有规律了。浏览本套书过程中，心底常常升起数学无禁区的感觉。说谎问题、定价问题、语文句子分析问题，都可以成为数学问题；摆火柴棒、折纸、剪拼，皆可成为严谨的学术。好像在数学里没有什么问题不能讨论，在世界上没有什么事情不能提炼出数学。

一种是智慧和力量增长的感觉。小学里使人焦头烂额的四则应用题，一旦学会方程，做起来轻松愉快，摧枯拉朽地就解决了。曾经使许多饱学之士百思不解的曲线切线或面积计算问题，一旦学了微积分，即使让普通人做起来也是小菜一碟。有时仅仅读一个小时甚至十几分钟，就能感受到自己智慧和力量的增长。十几分钟之前还是一头雾水，十几分钟之后便豁然开朗。读本套书的第四部分时，这种智慧和力量增长的感觉特别明显。作者把精心选择的巧妙的数学证明，一个接一个地抛出来，让读者反复体验智慧和力量增长的感觉。这里有小题目也有大题目，不管是大题还是小题，解法常能令人拍案叫绝。在解答一个小问题之前作者说："看了这个证明后，你一定会觉得自己笨死了。"能感到自己之前笨，当然是因为智慧增长了！

一种是心灵震撼的感觉。小时候读到棋盘格上放大米的数学故事，就感到震撼，原来 $2^{64}-1$ 是这样大的数！在细细阅读本套书第五部分时，读者可能一次一次地被数学思维的深远宏伟所震撼。一个看似简单的数字染色问题，推理中运用的数字远远超过佛经里的"恒河沙数"，以至于数字仅仅是数字而无实际意义！接下去，数学家考虑的"所有的命题"和"所有的算法"就不再是有穷个对象。而对于无穷多的对象，数学家依然从容地处理，该是什么就是什么。自然数已经是无穷多了，有没有更大的无穷？开始总会觉得有理数更多。但错了，数学的推理很快证明，密密麻麻的有理数不过和自然数一样多。有理数都是整系数一次方程的根，也许加上整系数二次方程的根，整系数三次方程的根等等，也就是所谓代数数就会比自然数多了吧？这里有大量的无理数呢！结果又错了。代数数看似声势浩大，仍不过和自然数一样多。这时会想所有的无穷都一样多吧，但又错了。简单而巧妙的数学推理得到很多人至今不肯接受的结论：实数比自然数多！这是伟大的德国数学家康托的代表性成果。

说这个结论很多人至今不肯接受是有事实根据的。科学出版社出了一本书，名为《统一无穷理论》，该书作者主张无穷只有一个，不赞成实数比自然数多，希望建立新的关于无穷的理论。他的努力受到一些研究数理哲学的学者的支持，可惜目前还不能自圆其说。我不知道有哪位数学家支持“统一无穷理论”，但反对“实数比自然数多”的数学家历史上是有过的。康托的老师克罗内克激烈地反对康托的理论，以致康托得了终身不愈的精神病。另一位大数学家布劳威尔发展了构造性数学，这种数学中不承认无穷集合，只承认可构造的数学对象。只承认构造性的证明而不承认排中律，也就不承认反证法。而康托证明“实数比自然数多”用的就是反证法。尽管绝大多数的数学家不肯放弃无穷集合概念，也不肯放弃排中律，但布劳威尔的构造性数学也被承认是一个数学分支，并在计算机科学中发挥重要作用。

平心而论，在现实世界确实没有无穷。既没有无穷大也没有无穷小。无穷大和无穷小都是人们智慧的创造物。有了无穷的概念，数学家能够更方便地解决或描述仅仅涉及有穷的问题。数学能够思考无穷，而且能够得出一系列令人信服的结论，这是人类精神的胜利。但是，对无穷的思考、描述和推理，归根结底只能通过语言和文字符号来进行。也就是说，我们关于无穷的思考，归根结底是有穷个符号排列组合所表达出来的规律。这样看，构造数学即使不承认无穷，也仍然能够研究有关无穷的文字符号，也就能够研究有关无穷的理论。因为有关无穷的理论表达为文字符号之后，也就成为有穷的可构造的对象了。

话说远了，回到本套书。本套书一大特色，是力图把道理说明白。作者总是用自己的语言来阐述数学结论产生的来龙去脉，在关键之处还不忘给出饱含激情的特别提醒。数学的美与数学的严谨是分不开的。数学的真趣在于思考。不少数学科普，甚至国外有些大家的作品，说到较为复杂深刻的数学成果时，常常不肯花力气讲清楚其中的道理，可能认为讲了读者也不会看，是费力不讨好。本套书讲了不少相当深刻的数学工作，其推理过程有时曲折迂回，作者总是不畏艰难，一板一眼地力图说清楚，认真实践古人“诲人不倦”的遗训。这个特点使本套书能够成为不少读者案头床边的常备读物，有空看看，常能有新的思考，有更深的理解和收获。

信笔写来，已经有好几页了。即使读者有兴趣看序言，也该去看书中更有趣的内容并开始思考了吧。就此打住。祝愿作者精益求精，根据读者反映和自己的思考发展不断丰富改进本套书；更希望早日有新作问世。

张景中

2012年4月29日

序二

欣闻《思考的乐趣：Matrix67 数学笔记》即将出版，应作者北大中文系的数学侠客顾森的要求写个序。我非常荣幸也非常高兴做这个命题作业。记得几个月前，与顾森校友及图灵新知丛书的编辑朋友们相聚北大资源楼喝茶谈此书的出版，还谈到书名等细节。没想到图灵的朋友们出手如此之快，策划如此到位。在此也表示敬意。我本人也是图灵新知丛书的粉丝，看过他们好几本书，比如《数学万花筒》《数学那些事儿》《历史上最伟大的 10 个方程》等，都很不错。

我和顾森虽然只有一面之缘，但好几年前就知道并关注他的博客了。他的博客内容丰富、有趣，有很多独到之处。诚如一篇关于他的报道所说，在百度和谷歌的搜索框里输入 matrix，搜索提示栏里排在第一位的并不是那部英文名为 *Matrix*（《黑客帝国》）的著名电影，而是一个名为 matrix67 的个人博客。自 2005 年 6 月开博以来，这个博客始终保持更新，如今已有上千篇博文。在果壳科技的网站里（这也是一个我喜欢看的网站），他的自我介绍也很有意思："数学宅，能背到圆周率小数点后 50 位，会证明圆周率是无理数，理解欧拉公式的意义，知道四维立方体是由 8 个三维立方体组成的，能够把直线上的点和平面上的点一一对应起来。认为生活中的数学无处不在，无时不影响着我们的生活。"

据说，顾森进入北大中文系纯属误打误撞。2006 年，还在念高二的他代表重庆八中参加了第 23 届中国青少年信息学竞赛并拿到银牌，获得了保送北大的机会。选专业时，招生老师傻了眼：他竟然是个文科生。为了专业对口，顾森被送入了中文系，学习应用语言学。

虽然身在文科，他却始终迷恋数学。在他看来，数学似乎无所不能。对于用数学来解释生活，他持有一种近乎偏执的狂热——在他的博客上，油画、可乐罐、选举制度、打出租车，甚至和女朋友在公园约会，都能与数学建立起看似不可思议却又合情合理的联系。这些题目，在他这套新书里也有充分体现。

近代有很多数学普及家，他们不只对数学有着较深刻的理解，更重要的是对数学有着一种与生俱来的挚爱。他们的努力搭起了数学圈外人和数学圈内事的桥梁。

这里最值得称颂的是马丁·伽德纳，他是公认的趣味数学大师。他为《科学美国人》杂志写趣味数学专栏，一写就是二十多年，同时还写了几十本这方面的书。这些书和专栏影响了好几代人。在美国受过高等教育的人（尤其是搞自然科学的），绝大多数都知道他的大名。许多大数学家、科学家都说过他们是读着伽德纳的专栏走向自己现有专业的。他的许多书被译成各种文字，影响力遍及全世界。有人甚至说他是 20 世纪后半叶在全世界范围内数学界最有影响力的人。对我们这一代中国人来说，他那本被译成《啊哈，灵机一动》的书很有影响力，相信不少人都读过。让人吃惊的是，在数学界如此有影响力的伽德纳竟然不是数学家，他甚至没有修过任何一门大学数学课。他只有本科学历，而且是哲学专业。他从小喜欢趣味数学，喜欢魔术。读大学时本来是想到加州理工去学物理，但听说要先上两年预科，于是决定先到芝加哥大学读两年再说。没想到一去就迷上了哲学，一口气读了四年，拿了个哲学学士。这段读书经历似乎和顾森有些相似之处。

当然，也有很多职业数学家，他们在学术生涯里也不断为数学的传播做着巨大努力。比如英国华威大学的 Ian Stewart。Stewart 是著名数学教育家，一直致力于推动数学知识走通俗易懂的道路。他的书深受广大读者喜爱，包括《数学万花筒》《数学万花筒 2》《上帝掷骰子吗？》《更平坦之地》《给青年数学家的信》《如何切蛋糕》等。

回到顾森的书上。题目都很吸引人，比如“数学之美”“几何的大厦”“精妙的证明”。特点就是将抽象、枯燥的数学知识，通过创造情景深入浅出地展现出来，让读者在愉悦中学习数学。比如“概率论教你说谎”“找东西背后的概率问题”“统计数据的陷阱”等内容，就是利用一些趣味性的话题，一方面可以轻松地消除读者对数学的畏惧感，另一方面又可以把概率和统计的原始思想糅合在这些小段子里。

数学是美丽的。对此有切身体会的陈省身先生在南开的时候曾亲自设计了“数学之美”的挂历，其中12幅画页分别为复数、正多面体、刘徽与祖冲之、圆周率的计算、数学家高斯、圆锥曲线、双螺旋线、国际数学家大会、计算机的发展、分形、麦克斯韦方程和中国剩余定理。这是陈先生心目中的数学之美。我的好朋友刘建亚教授有句名言：“欣赏美女需要一定的视力基础，欣赏数学美需要一定的数学基础。”此套书的第二部分“数学之美”就是要通过游戏、图形、数列等浅显概念让有简单数学基础的读者朋友们也能领略到数学之美。

我发现顾森的博客里谈了很多作图问题，这和网上大部分数学博客不同。作图是数学里一个很有意思的部分，历史上有很多相关的难题和故事（最著名的可能是高斯 19 岁时仅用尺规就构造出了正 17 边形的故事）。本套书的第三部分专门讲了“尺规作图问题”“单规作图的力量”“火柴棒搭成的几何世界”“折纸的学问”“探索图形剪拼”等，愿意动动手的数学爱好者绝对会感到兴奋。对于作图的乐趣和意义，我想在此引用本人在新浪微博上的一个小段子加以阐述。

学生：“咱家有的是钱，画图仪都买得起，为啥作图只能用直尺和圆规，有时还只让用其中的一个?”

老师：“上世纪有个中国将军观看学生篮球赛。比赛很激烈，将军却慷慨地说，娃们这么多人抢一个球？发给他们每人一个球开心地玩。”

数学文化微博评论：生活中更有意思的是战胜困难和挑战所赢得的快乐和满足。

书的最后一部分命名为“思维的尺度”，“俄罗斯方块可以永无止境地玩下去吗?”“比无穷更大的无穷”“无以言表的大数”“不同维度的对话”等话题一看起来就很有意思，作者试图通过这些有趣的话题使读者享受数学概念间的联系、享受数学的思维方式。陈省身先生临终前不久曾为数学爱好者题词:“数学好玩。”事实上顾森的每篇文章都在向读者展示数学确实好玩。数学好玩这个命题不仅对懂得数学奥妙的数学大师成立，对于广大数学爱好者同样成立。

见过他本人或看过他的相片的人一定会同意顾森是个美男子，有阳刚之气。很高兴看到这个英俊才子对数学如此热爱。我期待顾森的书在不久的将来会成为畅销书，也期待他有一天会成为马丁·伽德纳这样的趣味数学大师。

汤涛

《数学文化》期刊联合主编

香港浸会大学数学讲座教授

2012.3.5

前言

依然记得在我很小的时候，母亲的一个同事考了我一道题：一个正方形，去掉一个角，还有多少个角？记得当时我想都没想就说："当然是三个角。"然后，我知道了答案其实应该是五个角，于是人生中第一次体会到顿悟的快感。后来我发现，其实在某些极端情况下，答案也有可能是四个角或者三个角。我由衷地体会到了思考的乐趣。

从那时起，我就疯狂地爱上了数学，为一个个漂亮的数学定理和巧妙的数学趣题而倾倒。我喜欢把我搜集到的东西和我的朋友们分享，将那些恍然大悟的瞬间继续传递下去。

2005 年，博客逐渐兴起，我终于找到了一个记录趣味数学点滴的完美工具。2005 年 7 月，我在 MSN 上开办了自己的博客，后来几经辗转，最终发展成了一个独立网站 http://www.matrix67.

com。几年下来，博客里已经累积了上千篇文章，订阅人数也增长到了五位数。

在博客写作的过程中，我认识了很多志同道合的朋友。2011 年初，我有幸认识了图灵公司的朋友。在众人的鼓励下，我决定把我这些年积累的数学话题整理成册，与更多的人一同分享。我从博客里精心挑选了一系列初等而有趣的文章，经过大量的添删和修改，有机地组织成了五个相对独立的部分。如果你是刚刚体会到数学之美的中学生，这书会带你进入一个课本之外的数学花园；如果你是奋战在技术行业前线的工程师，这书或许能不断给你带来新的灵感；如果你并不那么喜欢数学，这书或许会逐渐改变你的看法……不管怎样，这书都会陪你走过一段难忘的数学之旅。

在此，特别感谢张晓芳为本套书手绘了很多可爱的插画，这些插画让本套书更加生动、活泼。感谢明永玲编辑、杨海玲编辑、朱巍编辑以及图灵公司所有朋友的辛勤工作。同时，感谢张景中院士和汤涛教授给我的鼓励、支持和帮助，也感谢他们为本套书倾情作序。

在写作这书时，我在 Wikipedia（http://www.wikipedia.org）、MathWorld（http://mathworld.wolfram.com）和 CutTheKnot（http://www.cut-the-knot.org）上找到了很多有用的资料。文章中很多复杂的插图都是由 Mathematica 和 GeoGebra 生成的，其余图片则都是由 Paint.NET 进行编辑的。这些网站和软件也都非常棒，在这里也表示感谢。

目录

目录

如果你喜欢上一部分最后一节那些宏伟的构造性证明，你一定会喜欢这一部分。在这一部分中，我们将会看到一些更加壮观的数学构造。即使是整个宇宙也无法超越人类思维的尺度。一道看似简单的数学问题，有可能会瞬间导出一个比宇宙中所有原子的数量更大的数。

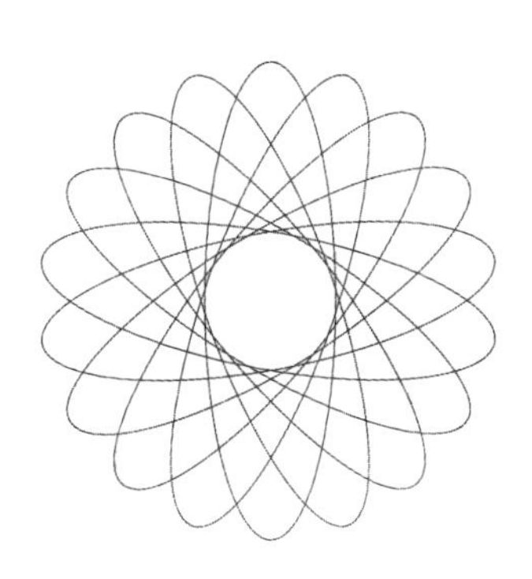

1. 史诗般壮观的数学证明

你认为，是否有可能把全体正整数染成红蓝二色，使得不存在无穷长的等差数列，满足数列中的所有数都是一种颜色？

事实上，满足题意的染色方案是存在的。例如，我们可以从数字 1 开始，把正整数染成一段红一段蓝，使得每一段的长度都是其前一段的两倍。也就是说，我们把 1 染成红色，2 和 3 染成蓝色，4 到 7 染成红色，8 到 15 染成蓝色，依此类推，单色区间的长度成倍地增加。可以证明，如此染色后，一定不存在无穷长的单色等差数列。这是因为，假设某个等差数列的公差为 d，那么当单色区间的长度大于公差 d 时，等差数列将会一截一截地落在不同的染色区间中，从而拥有不同的颜色。

有趣的是，把上述命题中的“无穷长”换成

“任意长”，命题就不见得仍然正确了。1927 年，荷兰数学家范·德·瓦尔登（Van der Waerden）证明了这么一个事实：对于任意大的正整数 k，总存在正整数 N，使得对从 1 到 N 的正整数进行红蓝二染色后，不管你是怎么染色的，里面总存在一个单色的长度为 k 的等差数列。当命题从两种颜色扩展到任意多种颜色时，该命题竟然也都成立。这个定理就叫做范德瓦尔登定理。下面，让我们来看看范德瓦尔登定理的证明过程。到了整个证明的最后一步，你一定会被震撼得说不出话来。

我们首先来证明 $k=3$ 的情况：存在某个 N 使得对 N 个连续自然数进行二染色后，里面总存在长为 3 的单色等差数列。我们把全体正整数 5 个 5 个地分组，1 到 5 为第一组，6 到 10 为第二组，以此类推。每一组里总共有 2^5 种不同的染色方案，因此在前 2^5+1 组里面必然有两个组的染色一模一样，比方说第 7 组和第 23 组吧。把第 7 组里的数分别记作 A_1，A_2，…，A_5，由鸽笼原理，A_1、A_2、A_3 里面一定存在两个颜色相同的数，不妨假设 A_1 和

A_3 都是红色吧。考虑 A_5 的颜色：如果它是红色，我们的问题就解决了，A_1，A_3，A_5 已经是一个长度为 3 的等差数列。下面考虑 A_5 是蓝色的情况。别忘了第 7 组和第 23 组的染色完全相同，如果把第 23 组里的数分别记作 B_1，B_2，…，B_5，那么 B_1 和 B_3 也是红色，B_5 也是蓝色。下面我们来考虑全体正整数的第 39 组（注意到 7，23，39 是等差数列），我们把它里面的 5 个数分别记作 C_1，C_2，…，C_5。考虑 C_5 的颜色：如果它是红色，那 A_1，B_3，C_5 就是一个全为红色的等差数列，否则 A_5，B_5，C_5 就是一个全为蓝色的等差数列。显然，上述证明中的“最坏情况”就是，第 1 组和第 33 组的染色相同，且第 1 组的第 1 个数和第 33 组的第 3 个数是红色的，则下一个数最远可以是第 65 组的第 5 个数，即全体正整数的第 325 个数。换句话说，$k=3$ 时 $N=325$ 即满足条件。（这不一定是最小的 N，但确实是一个满足要求的 N）。

有意思的是，对任意的颜色数 c，上述证明都是适用的。比方说，当 $c=3$ 时，取 $n=7\times$

$(2\times3^7+1)$，把全体正整数 n 个 n 个分为大组，在头 3^n+1 组中必然存在两个染色一样的组，不妨把它们记作大组 A 和大组 B。把这两个大组里的数分别都 7 个 7 个地分成 $2\times3^7+1$ 个小组，在头 3^7+1 组中，必然有两个小组的染色方案一模一样，比如小组 a 和小组 b。

在每一个小组的前 4 个数中，必然有 2 个数的颜色是相同的，假设第 1 个数和第 4 个数是红色。那这个小组里面的第 7 个数要么是红色（问题已解决），要么是另一种颜色（比如蓝色）。将与前两个小组构成等差序列的第三个小组记作小组 c，由于一个大组中有 $2\times3^7+1$ 个小组，因此小组 c 一定还在该大组中。小组 c 中的第 7 个数要么是红色（问题已解决），要么是蓝色（问题已解决），要么是剩下的那种颜色（比如黄色）。那么，与两个大组构成等差序列的第三个大组（记作大组 C）中，对于相应的小组 c 位置上的第 7 个数（图 1 中标记星号的位置）的颜色就没有任何选择了，它或者和每个大组的那个染黄色的数成等差数列，或者和大组 A

中的小组 a 的蓝色数、大组 B 中的小组 b 的蓝色数构成等差数列，或者是跨越层数最多的，和大组 A 中的小组 a 的第 1 个红色数、大组 B 中的小组 b 的第 2 个红色数构成等差数列。

类似地，对于更大的颜色数 c，我们都可以归纳证明，只不过分组的层数更多，底数也相应变大。因此，我们解决了 $k=3$ 且 c 任意大时的情形。

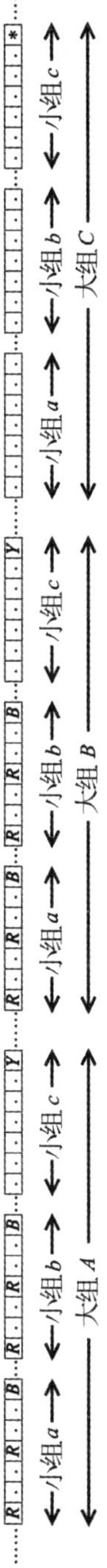

真正令人震撼的时刻到了。接下来，我们将对 k 施加归纳。下面尝试证明 $k=4$、$c=2$ 的情况，即存在一个充分大的 N，使得对 1 到 N 的正整数进行二染色后，里面总存在长度为 4 的单色等差数列。由于当 $k=3$ 时每 325 个数里面必然有一个等差数列，因此我们按每 487 个数一组进行分组。这样可以保证每一组里面的前 325 个数中总存在长为 3 的单色等差数列，并且该数列的第 4 个数也

小组 a 小组 b 小组 c 小组 a 小组 b 小组 c 小组 a 小组 b 小组 c
大组 A 大组 B 大组 C

图1

在该组内。注意，一个 487 元组共有 2^{487} 种染色方案，如果我们把它们看做 2^{487} 种不同的“广义颜色”，由 $k=3$、$c=2^{487}$ 的情况知，必然存在 3 个组，这 3 个组的位置形成等差数列，并且它们的染色方案完全相同。考虑每一组中前 325 个数所形成的长为 3 的等差数列，并考虑该数列中第 4 个数的颜色：如果颜色相同，问题解决；否则便考察顺推下去的第 4 个组的相应位置上的数的颜色，它将别无选择。

类似地，我们可以归纳出任意大的 k 和任意大的 c 的情形。可想而知，也可以说难以想象，用这种做法得出的 N 是何等巨大，它将很快超出整个宇宙中任何具有实际意义的数字，其大小已经不能用通常的方式来记录了。这个证明的气势太宏大了，以至于当初很多人都没想到。当我第一次读到 2^{487} 种颜色时，视野一瞬间广大得难以描述；并且当我向着 k 更大的方向看去时，不禁对思维的尺度表示深深的膜拜。

2. 停机问题与“万能证明方法”

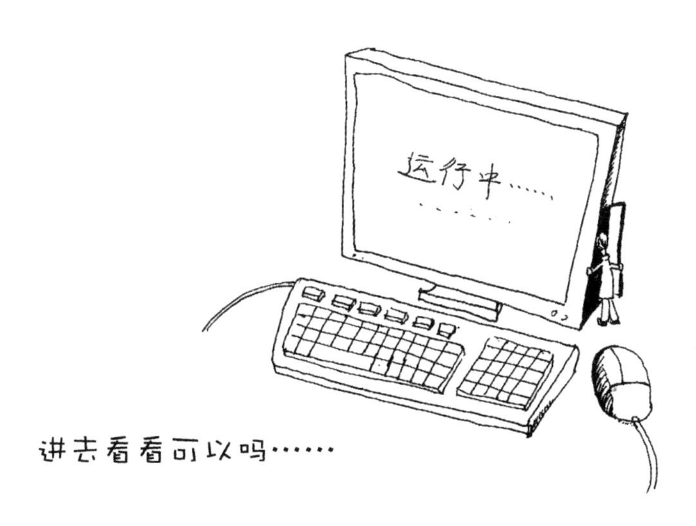

按照指定的语法规则编写代码，把你的想法“告诉”计算机；再在编译器中编译代码，生成一个个各有所能的程序。你可以随心所欲地制作各种搞怪的小程序：寻找并输出 2010 年到 2020 年中所有“黑色星期五”的日子，读取用户输入的手机号码并输出它是不是质数；读取用户输入的一篇文章并输出出现频率最高的四字词……这听上去似乎是

一件相当有乐趣的事情。不过，程序员也有自己的苦恼。

最奇怪的幻想总是来自最奇怪的需求。程序员一定有过这样的经历：看到自己编写的程序运行了半天都还没有任何结果，于是开始纠结，到底是再等一会儿呢，还是强行终止程序，检查一下程序代码有没有写错。犹豫了半天决定杀掉进程，之后又检查了半天竟然发现程序没有写错。于是开始后悔，早知道程序没有死循环的话，刚才就多等一会儿了。此时，你会突然开始幻想，有没有什么编译器能够事先告诉你你的程序是否会无限运行下去？

注意，这里有一个假设：我们手里的计算机是一台理想的计算机。它拥有无穷无尽的内存，不会溢出，不会越界，可以存储任意大的、任意精确的数字。此时，“无限运行下去”就不仅仅是指“令 $a=1$ 并不断把 a 替换为 a^2 直到 $a>100$”这样的“死循环”了，状态永不重复的程序也有可能永远停不下来。比方说，“令 $a=100$ 并不断把 a 替换为 $a+1$ 直到 $a<10$”，这段程序虽然不会重复之前的

状态，但也不会停下来。

在这样的假设下，编程判断一段代码是否会无限执行下去将会相当困难。但我们仍然不排除会有某个天才程序员想出了超级复杂的算法，耗时五年为他心爱的编译器写出了这样一个强大的插件。为什么不可能呢？这个东西看上去似乎比时光旅行机更现实一些。或许我们会在某个科幻电影中看到，一个程序员在漆黑的屏幕上输入几个数，敲了一下回车，然后屏幕上立即用高亮加粗字体显示——“警告：该输入数据会导致程序无限运行下去，确定执行？（Y/N）”如果有一天，这一切真的成为了现实，那么你能利用这个玩意儿来做些什么实用的、有价值的事情？如果我说你能靠这玩意儿发大财的话，你相信吗？

永远不要说什么“看看当年我参加计算机竞赛时第二题的第四个数据点是不是真的因为死循环才超时的”“看看上个星期做完项目跟客户演示时为什么半天没有输出”之类的话。如果是我的话，我一定会用点儿别人想不到的雕虫小技干出一番惊天动地的大事。我上来就先写一个哥德巴赫猜想的验证程序。我写一个程序，让它从小到大枚举所有的偶数，看是不是有两个质数加起来等于它。如果找到了，继续枚举下一个偶数，否则输出这个反例并结束程序。然后编译该程序。这个编译器不是可以预先判断我这个程序能否终止吗？如果编译器说我这个程序会无限执行下去的话，我岂不是相当于证实了哥德巴赫猜想吗？或者，编译器说程序最终会终止，那哥德巴赫猜想不就直接被推翻了吗？不管怎样，我都将成为解决哥德巴赫猜想的第一人，在数学史上留下自己的名字。接下来呢？把刚才的程序代码改成孪生素数搜索器，再用编译器检验一下，看看是不是真的有无穷多个孪生素数。梅森素数是否有无穷多个也是数论中长期以来悬而未决的难题。不过现在看来，我也能不费吹灰之力就把它解决了。还记得我们在讲“最折磨人的数学未解之谜”时提到的 $3x+1$ 问题吗？写一个“证明程序”也只是几分钟的事情，而且还能拿走埃尔德什提供的 500 美元奖金呢。数学上的未解之谜多着呢，我

永远不愁没事做。1984 年，马丁 · 拉巴尔（Martin LaBar）询问是否能用 9 个不同的平方数构成一个 3 × 3 的幻方，这个问题的奖金目前已经累积到了 100 美元加 100 欧元再加一瓶香槟。网上搜索“数学未解难题”，看看哪些问题是离散的，其中又有哪些问题是有悬赏的，写几个程序就可以把它们统统解决……

还是从幻想中清醒过来吧，判断一个程序能否无限运行下去的程序是否真的存在我们还不知道呢。不过仔细回想一下上面的讨论，你会意识到这种程序的存在该是多么不可思议。即使这样的程序真的存在，实现它的难度也绝对不亚于解决上述任何一个数学猜想，不然的话大家都转而向这个神奇的“万能证明方法”进攻了。

事实上，计算机科学家们已经从理论上证明了，这种程序是永远不可能实现的。在计算机理论中，该结论可以叙述为：停机问题是一个不可解的问题。停机问题不可解的证明并不复杂，并且非常有趣。用反证法，假设我们有一个满足要求的程序

$P(a, b)$，它可以预先判断出运行代码 a 并读入数据 b 之后程序是否会终止。那么，我们可以编写这样一个程序 Q，它首先读取输入数据并把它记作 x，然后调用 $P(x, x)$ 并根据其返回的结果执行不同的任务：如果 $P(x, x)$ 返回的结果是“不会终止”，立即退出程序；否则，任意执行一个死循环任务，比如“令 $a=1$ 并不断把 a 替换为 a^2 直到 $a>100$”。现在，运行程序 Q，然后把程序 Q 本身的代码作为输入数据传进去，于是程序 Q 调用 $P(x, x)$ 时，实际上问的是“运行程序 Q 并输入 Q 的代码后会发生什么”，也就是询问它自身的命运。但根据程序 Q 的规则，如果 $P(x, x)$ 认为该程序不会终止，Q 就会立即退出；如果 $P(x, x)$ 认为该程序总有终止的一刻，程序 Q 反而陷入循环。于是，$P(x, x)$ 并没有成功预测此时 Q 的命运，这说明停机问题是永远无法解决的。

我们刚才那些美好的梦想被这一个简短的证明撕成了碎片。

永远不要小瞧人类的想象力。对“万能证明方

法”的进攻并没有就此结束。虽然判断一段代码运行后是否会终止的程序是不存在的，但这个“万能证明方法”的思路是非常值得借鉴的。下面，我给你一个绝对存在的东西，它同样可以用于我们的“程序证明”。它就是指定的编程语言中任意一段代码运行后最终会停止下来的概率。假如说这种编程语言有 p 种字符（包括代码结束的标识符共 $p+1$ 种），长度为 n 的代码中有 $T(n)$ 个不会无限运行下去，那么我们定义这个概率就是 $\sum_{n=1}^{\infty}\frac{T(n)}{(p+1)^n}$。考虑两种极端的情况：如果所有代码都永不终止，那么这个概率值为 0；如果所有代码运行后最终都能停下来（包括语法错误根本不能编译的情况），那么概率为 $\sum_{n=1}^{\infty}\frac{p^{n-1}}{(p+1)^n}$，其中 p^{n-1} 是除去那个结束符号后所有可能的 $n-1$ 位代码的数量。利用等比数列求和公式容易得出这个值等于 1。当然，在实际情况下，这个概率值是一个介于 0 和 1 之间的确定的数。

有了这个概率之后，我们就无敌了！我们可以故技重施，写一个哥德巴赫猜想验证程序。假如这个程序的长度为 L。注意到 $\sum_{n=k+1}^{\infty} \frac{p^{n-1}}{(p+1)^n} = \left(\frac{p}{p+1}\right)^k$，当 k 足够大时必然有某个时刻 $\left(\frac{p}{p+1}\right)^k$ 比 $\frac{1}{(p+1)^L}$ 小。我们再用一个程序来生成所有可能的长度不超过 k 的代码。然后便是壮观的一幕：让所有这 $\sum_{n=1}^{k} p^{n-1}$ 个程序同时运行！这里面，有些程序的代码语法有错，根本就不能通过编译；有些程序运行后屏幕一闪就退出来了；有些程序可能得等个好几天才能退出；当然也有将要无限运行下去的程序。不过可以肯定的是，受到上面那个概率值的限制，最终停止下来的程序是有一个上限的。随着越来越多的程序停止下来，总有某个时刻会达到这样一种状态：终止的程序所占的比例与我们那个概率值的误差不到 $\frac{1}{(p+1)^L}$（因为我们没有考虑的

那些代码即使全部都会终止也只占 $\left(\frac{p}{p+1}\right)^k$ 的分量，而 k 值的选择保证了这个分量不足 $\frac{1}{(p+1)^L}$），此时只要再有一个长度不超过 L 的程序终止，实际比例（将增加至少 $\frac{1}{(p+1)^L}$）就超过那个概率了。这时，我们就可以肯定，到时候还没有停止的程序必然将无限运行下去。如果届时我们的哥德巴赫猜想还没找出反例，这就意味着这个程序永远找不出反例了，哥德巴赫猜想也就得到了证实。

或许，这个工程确实有点庞大，需要耗费大量的时间和金钱。不过，为了证明那么多悬而未解的数学之谜，投入再多的时间和资金也值得啊！我们还可以采取分布式计算的办法，邀请全球的计算机一起来参与计算！那么，为什么不这样做呢？真实的情况到底如何呢？

这或许会有些不合常理：我们上面提到的那个概率值是一个“不可计算数”（uncomputable number)。它是一个可以严格定义出来并且也确实存在的数，但我们永远无法计算出它的值（即不存在某种算法能够给出小数点后任意多位的数字）。这个概率值是有名字的，它叫做蔡廷常数，是以数学家和计算机科学家格里高里·蔡廷（Gregory Chaitin）的名字命名的。可以证明，蔡廷常数确实是不可计算的。不妨反过来想，假如我们有一个能够给出蔡廷常数小数点后任意多位的值的算法，那么我们就能用上面那种“等足够多的程序终止”的方法判断出一个代码长为 n 的程序是否会无限运行下去，这相当于有了一个解决停机问题的算法。但我们前面已经证明了，停机问题是不可解的，因此可以肯定地说，算出蔡廷常数一定是不可能的。

3. 奇怪的函数（一）

教高中数学竞赛辅导课时，我在某次课堂测验中出了这么一道题：

构造一个从全体正整数映射到全体正整数的函数 $f(n)$，使得每一个正整数都被映射过无穷多次。

乍一看，这似乎很难办到。我们可以令 $f(n)$ 等于 n 除以 1 000 000 的结果的整数部分，让每个正整数都被映射过1 000 000次；也可以令 $f(n)$ 等于 n 除以 1 000 000 的余数，让 1 000 000 以内的正整数都被映射过无穷多次。不过，我们真的能让所有正整数都被映射无穷多次吗？

答案是肯定的。当时，我自己提供的标准答案是：

令 $f(n)$ 等于 n 的各位数字之和。

例如，808 067 的各位数字之和是 $8+0+8+0+6+7=29$，因此 $f(808\ 067)=29$。很容易看出，任意一个正整数都有无穷多个原象。比方说，对于某个正整数 m，令 n 为 m 个数字 1 相连组成的 m 位数，于是就有 $f(n)=m$。在 n 里面的任意位置添加任意多个 0，其函数值仍然为 m，因而 m 有无穷多个原象。

看到学生们交上来的试卷后，我非常高兴。绝大多数学生的答案都是正确的，并且他们的构造思路完全不同。一个学生写的是：

令 $f(n)$ 等于去掉 n 中的所有数字 9，把剩下的数当做九进制并将其转换为十进制后的结果。

例如，去掉 9 012 998 中的所有数字 9 后，得到一个新的数 128。把 128 当做九进制数，转换为十进制数后便是 107。于是 $f(9\ 012\ 998)=107$。不难看出，这个函数也满足要求。

美中不足的是，这个函数的函数值有可能等于0，而题目则要求函数的值域不包含0。其实，这个问题不大，我们只需要在函数 $f(n)$ 的定义后面加一句“如果算出来的结果为0，就随便取一个正整数（比如1）作为函数值”或者“把算出来的结果再加1作为函数值”即可。

另一个学生则写道：

令 $f(n)$ 等于 n 中所含质因数2的个数。

例如，358 400可以分解为 $2^{11}\times 5^{2}\times 7$。于是 $f(358\ 400)=11$。显然，这也是一个满足要求的答案。注意，这个函数也存在上面提到的值域问题，不过也可以用类似的方法进行完善。

上述答案都很巧妙。不过，下面这个才是当时我所见到的最简单、最直接的答案：

令 $f(n)$ 等于数列1，1，2，1，2，3，1，2，3，4，1，2，3，4，5，… 中的第 n 项。

当然，方法还有很多。你还能想出多少来？

4. 比无穷更大的无穷

对上一节中的函数稍作改造，我们还能得到更加违反直觉的函数。例如，我们可以构造一个从正整数到正有理数的一对一函数，从而说明正整数和正有理数一样多！

方法很简单。取 $f(n)$ 为上一节中任意一个把全体正整数映射到全体正整数，并且每一个正整数都被映射过无穷多次的函数。按照如下方式定义 $g(n)$：对于某个 n，如果 $f(n)$ 的函数值 m 是第 i 次被映射到，则令 $g(n)$ 等于分母为 m 的所有最简分数从小到大排列后的第 i 个分数。

比方说，我们取 $f(n)$ 为数列 1，1，2，1，2，3，1，2，3，4，1，2，3，4，5，… 中的第 n 项。由于 $f(8)$ 已经是第三次映射到 2 了，因此 $g(8)$ 就

等于分母为 2 的第三个最简分数，即 $\frac{5}{2}$。

n	1	2	3	4	5	6	7	8	9	10	11	12	13	14	15
$f(n)$	1	1	2	1	2	3	1	2	3	4	1	2	3	4	5
$g(n)$	$\frac{1}{1}$	$\frac{2}{1}$	$\frac{1}{2}$	$\frac{3}{1}$	$\frac{3}{2}$	$\frac{1}{3}$	$\frac{4}{1}$	$\frac{5}{2}$	$\frac{2}{3}$	$\frac{1}{4}$	$\frac{5}{1}$	$\frac{7}{2}$	$\frac{4}{3}$	$\frac{3}{4}$	$\frac{1}{5}$

于是，$g(n)$ 就是一个把全体正整数映射到全体正有理数的函数，并且每个正有理数都被映射且只被映射过一次。这意味着，全体正整数和全体正有理数之间存在一个一一对应的关系，有多少个正整数，就有多少个正有理数！

大家或许会觉得奇怪：正有理数集不但包含了正整数集的所有数，还包含了正整数集没有的数，这两个集合里的元素怎么可能一样多呢？不过，对于一个无穷集合来说，既无重复又无遗漏地映射到一个比自己大的集合，这不是什么稀罕的事。比如，即使乍看上去，正整数集比非负整数集少一个数字 0，但它们之间仍然存在一对一的函数。最简

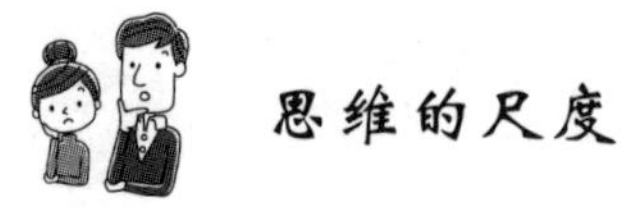

单的例子就是 $f(n)=n-1$。

n	1	2	3	4	5	6	7	8	9	10
$f(n)$	0	1	2	3	4	5	6	7	8	9

不仅如此，正整数集和全体整数集之间也能一一对应起来。比方说，规定当 n 为偶数时 $f(n)=\frac{n}{2}$，当 n 为奇数时 $f(n)=-\frac{n-1}{2}$，则有以下对应情况。

n	1	2	3	4	5	6	7	8	9	10
$f(n)$	0	1	−1	2	−2	3	−3	4	−4	5

注意到，我们之前已经有了一个从正整数到正有理数的一对一函数，因而自然也就有了负整数与负有理数之间一一对应的方法。现在，我们又有了一个从正整数到全体整数的一对一函数，其中全体整数里包括了正整数、0、负整数三个部分，它们各自可以和正有理数、0、负有理数形成一一对应。

也就是说，我们可以立即构造出一个复合函数，它能把正整数集一一映射到全体有理数集上。因而，正整数和全体有理数也是一样多的！

可见，在比较无穷集合的大小时，违反直觉的现象太多了。我们必须给无穷集合谁大谁小下一个严格的定义。

格奥尔格·康托尔（Georg Cantor）是伟大的德国数学家，集合论的创立者，勇敢正视无穷集合的第一人。他提出，在判断无穷集合大小时，我们不应该再着眼于狭义的“元素个数”，而应该采用一种类似于“集合大小规模”的概念。他把这个新的概念叫做“集合的势”。康托尔规定，只要我们有办法把两个集合中的元素一一对应起来，那么这两个集合的大小就是相等的，或者说它们是等势的。按照这种定义，不管是非负整数集，还是全体整数集，甚至是全体有理数集，都和正整数集等势，它们是一组规模相同的无穷集合。

一个集合与正整数集等势，意思就是这个集合中的元素与正整数之间存在一一对应的关系。换句话说，尽管这个集合中的元素有无穷多，但我们能按照某种方式对它们进行排序并编号，用“第一个元素是谁，第二个元素是谁，第三个元素又是谁”的方式把它们一一列举出来。因而，我们给所有与正整数集等势的集合取了一个形象的名字，叫做“可数集”。刚才讨论的非负整数集、全体整数集、全体有理数集都属于可数集的范畴。

像 $\sqrt{2}$ 和 $\frac{1+\sqrt{5}}{2}$ 这样的数构成的集合是否可数呢？虽然它们并不是有理数，但它们都是某个整系数多项式方程 $a_nx^n+a_{n-1}x^{n-1}+\cdots+a_1x+a_0=0$ 的解。比方说，$\sqrt{2}$ 就是 $x^2-2=0$ 的一个解，$\frac{1+\sqrt{5}}{2}$ 则是 $x^2-x-1=0$ 的一个解。我们把所有这样的数叫做“代数数”。代数数不但包括了所有的有理数（因为有理数可以看做一次方程的解），还包括了像 $\left(\frac{\sqrt{3}}{2}+\frac{\sqrt[3]{5}}{7}\right)\times 13\sqrt[100]{2}$ 一样的怪数，甚至包括了一些高次方程中无法用常规手段表达出来的解。有趣的是，即使是代数数这样庞大的数字群体，仍然属于可数集的范畴，因为我们可以按照一定的顺序把它们依次排列起来。

具体怎么做呢？首先，由于每个整系数多项式方程的解的个数都有限（不会超过这个多项式的次数），因此我们只需要找到一种排列这无穷多个多项式的方法即可。最容易想到的方案自然是，按照次数由低到高对多项式排序。这种方案可行吗？不行。$x+1=0$，$x+2=0$，$x+3=0$……都是一次多项式方程，这样的多项式方程有无穷多个。如果按照次数高低给多项式排序，二次多项式将永远也排不上号。

我们可以按照所有系数之和给多项式排序吗？也不行。因为多项式的系数有可能是负的，因而其系数之和可以任意小，根本不存在系数之和最小的多项式。

我们可以按照所有系数的绝对值之和给多项式排序吗？这次似乎有些希望，但细想一下你会发现还是不行。$x-2=0$，$x^2-2=0$，$x^3-2=0$……它们的系数绝对值之和都是 3。这样的多项式方程有无穷多，并且它们对应着不同的代数数。那些系数绝对值之和更大的多项式，就永远也排不上号了。

我们来总结一下之前种种方案失败的原因：如果只限定次数，系数将有无穷多种选择；如果只限定系数，次数将有无穷多种选择。如果同时对次数和系数加以限定，问题不就解决了吗？因此，我们想到，为何不在所有系数的绝对值之和的基础上，再加上这个多项式的次数，按照这个结果的大小给多项式排序呢？具体地说，定义 n 次整系数多项式 $a_nx^n+a_{n-1}x^{n-1}+\cdots+a_1x+a_0=0$ 的“复杂程度”为 $n+|a_0|+|a_1|+\cdots+|a_{n-1}|+|a_n|$，那么对于任意一个正整数 N，复杂程度恰好为 N 的整系数多项式都只有有限多个。这保证了我们可以顺利地给多项式排序。

下面就是一种给所有整系数多项式方程排序的方法。

(1) 总方针：按照多项式的复杂程度值从小到

大排序。

（2）如果复杂程度相同，则按照次数由低到高排序。

（3）如果次数也相同，则按照常数项由小到大排序。

（4）如果常数项也相同，则按照一次项系数由小到大排序。

（5）如果一次项系数也相同，则按照二次项系数由小到大排序。

……

现在，我们已经给所有整系数多项式方程找到了一个合适的排列顺序，让每个整系数多项式都有了一个编号。从小到大依次写出第一个方程的解，再依次写出第二个方程的解，再依次写出第三个方程的解……这样便能穷举完所有的代数数。最后，把重复出现的数删去，从而得到了目标数列——每个代数数都恰好出现了一次。代数数与正整数之间也就有了一一对应的关系。或者说，代数数也是可数的。

事实上，建立代数数与正整数的一一对应关系远没有那么复杂。我们还有一种更帅的方法。如果把一个整系数多项式方程中所有的符号都列出来，一共也就只有 0、1、2、3、4、5、6、7、8、9、+、−、=、x 共 14 种符号。多项式方程 $x^2-2=0$ 也就可以简单地看做由符号 x、2、−、2、=、0 相连得到的。这样看来，给多项式排序就变得异常简单了。

（1）总方针：按照多项式所含符号个数从少到多排序。

（2）如果多项式所含符号个数相同，按照第一个符号排序。

（3）如果第一个符号也相同，按照第二个符号排序。

（4）如果第二个符号也相同，按照第三个符号排序。

……

同样地，依次写出每个多项式方程的每一个

解，再去掉重复的数，我们将得到把正整数一一映射到全体代数数的另一种方案。

那么，数学世界中最为神秘的数学常数 π 呢？直觉上，某个超级复杂的整系数多项式方程，解出来恰好是 $x=\pi$，这是绝对不可能的。正如我们在几何的大厦第 1 节所述，1882 年，德国数学家林德曼证明了，π 确实不满足任何整系数多项式方程，即 π 不是代数数。$e\approx 2.718$ 则是另一个重要的数学常数，它也不是代数数。这是由数学家查尔斯·埃尔米特（Charles Hermite）在 1873 年首次证明的。我们把这些不是代数数的数都叫做“超越数”。

虽然 π 和 e 属于更没规律的超越数，但我们仍能把它算出来。我们可以设计出一套算法，只要给它足够长的时间，它就能计算出 π 或者 e 的小数点后任意多位数。我们把这种能够计算到任意精度的数叫做“可计算数”。按照这种定义，整数、有理数、代数数都是可计算数，除此之外，π 、e 也是可计算数。人们目前尚不知道 $\pi+e$ 、$\pi-e$ 、πe 、$\frac{\pi}{e}$ 、

π^e 是不是超越数（事实上，人们现在还不知道它们是不是无理数），但不管怎样，它们也都是可计算数。可见，可计算数集合的范围远远超过了之前讲到的整数集、有理数集以及代数数集。然而，下面我们将证明，可计算数仍然是可数的。

借用代数数可数性的第二种证明方法，我们可以很快给全体可计算数制定一个排序方案。我们可以选用某种计算机编程语言来描述可计算数的计算方法，那么所谓的计算方法，说白了也就是由标准美式键盘上的 95 种字符（包括小写字母、大写字母、数字以及各种符号）组成的一段程序代码。我们把所有可能的代码按照代码长度排序，长度相同者按第一个字符排序，第一个字符也相同则按第二个字符排序，以此类推。这将列举出所有可能的程序代码，从而也将列举出所有可能的可计算数。因此，可计算数集合也是可数的。

有没有什么数是不可计算的呢？答案是肯定的。在本部分第 2 节的末尾，我们讲到了蔡廷常数，它就是一个典型的不可计算数。不过，它虽然不可计算，但有一个明确的定义，可以用数学语言清晰地定义出来。我们把所有这样的数都叫做“可定义数”。

可定义数不但包含我们平常经常使用的整数和有理数，也包含代数数、可计算数，甚至还包含一些不可计算数（例如蔡廷常数）。事实上，历史上一切被数学家研究过的数，不管是已发表的还是未发表的，不管是已命名的还是未命名的，不管是能算出来的还是不能算出来的，都是可定义数。这是一个异常庞大的数集。不过，它仍然是可数的。

为了证明这一点，只需要注意到，一个数的定义，无非是用数字、字母和标点符号组成的一段英文文本。我们把所有能够用来定义一个数的英文文本找出来，按照文本的长度由短到长排序（长度相同者按照之前的方法处理）。因此，所有可定义数组成的集合也是可数的，可定义数和正整数之间存在一一对应的关系。

看到这里，想必大家会有一个疑问：讲了半天，究竟有没有不可数的无穷集合呢？换句话说，我们能找到比正整数集规模更大的无穷吗？

答案是肯定的。康托尔发现，不可数的集合是存在的。例如，所有介于 0 和 1 之间的实数就是不可数的。你不能从小到大对（0，1）区间内的所有实数进行排序，因为不存在“第一个正实数”。你也不能按照小数展开的长度对所有实数进行排序，因为很多数都是无限小数，它们永远排不上号。事实上，康托尔用一种非常巧妙的方法证明了，任何方案都不能把正整数和（0，1）区间内的实数一一对应起来。

证明的思路是，先假设我们已经按照某种方案将（0，1）区间内的所有实数列成了一张表，然后再说明，这张表其实并没有包含所有的实数。

现在，假设我们已经把所有（0，1）区间内的实数按照某种顺序排列为 a_1，a_2，a_3，…。这里面的每个数都可以表达为形如“零点几几几几几……”的无限小数（如果是有限小数，可以在其后面添加数字 0，把它变成无限小数）：

$a_1 = 0.314\ 159\ 265\ 3\cdots$

$a_2 = 0.808\ 080\ 808\ 0\cdots$

$a_3 = 0.670\ 000\ 000\ 0\cdots$

$a_4 = 0.222\ 222\ 222\ 2\cdots$

$a_5 = 0.618\ 033\ 988\ 7\cdots$

$a_6 = 0.123\ 434\ 343\ 4\cdots$

……

下面我们构造一个新的实数，它也属于（0，1）区间，但不在这张列表里。让这个实数的小数点后第一位不等于 a_1 的第一位，第二位不等于 a_2 的第二位，等等，总之要让这个实数的小数点后第 n 位不等于 a_n 的第 n 位。那么，这个新实数将有别于上面那个列表中的任何一个数，因为它和列表里的任意一个数都有至少一位是不同的。因此，我们永远不可能把所有 0 和 1 之间的实数一个也不少地排成一列。

注意，在上述证明过程中，“实数区间”这个条件用在了哪里。我们当然也可以假设（0，1）区间内的有理数被排成了序列 a_1，a_2，a_3，…， 也可以像刚才那样构造出一个数，它不等于序列中任何一个数。不过，我们构造出的这个数不见得仍然是有理数，因此这和假设并不矛盾。但在证明实数区间不可数时，我们构造出来的数的确是本应该在列表中的数，这才是“实数区间”这个条件发挥作用的地方。

这是证明（0，1）区间内所有实数不可数最传统、最经典的方法。不过，作为实数理论中的一个基本结论，它还有很多不同证明。我想在这里介绍另一种同样漂亮的证明，这是由马修 · H. 贝克（Matthew H. Baker）在 2008 年提出的。

设想 A 和 B 两个人在实数区间（0，1）上玩一个游戏。首先，A 在（0，1）区间选一个数 a_1， 然后 B 在区间（a_1，1）里选一个数 b_1。 接着，A 在（a_1，b_1）区间选一个数 a_2， 然后 B 在区间（a_2，b_1）里选一个数 b_2……总之，A 只能选取越来越大但不能比 B 选的数更大的数，B 只能选取越来越小但不能比 A 选的数更小的数。两人轮流按规则选数，这些数将从两侧出发不断向中间靠拢。可以看到，序列 a_1，a_2，a_3，… 是一个单调递增的有界序列，因此游戏无限进行下去，序列 a_1，a_2，a_3，… 最终会收敛到某一个实数 c。游戏进行前，A 和 B 约定区间（0，1）的一个子集 S，规定如果最后 c 在 S 中，A 胜，否则 B 胜。

一个有趣的事实是，如果 S 是可数集，B 肯定有必胜策略。如果集合 S 是可数的，那么 B 就可以把集合 S 里的数排列成一个序列 s_1，s_2，s_3，…。B 的目标就是让序列 a_1，a_2，a_3，… 的极限不等于序列 s_1，s_2，s_3，… 中的任一个数。考虑 B 的这样一个游戏策略：当 B 第 i 次选数时，如果选 s_i 合法，那么就选它（这样序列 a_1，a_2，a_3，… 就不能收敛到它了）；如果选 s_i 不合法，那就随便选一个合法的数（反正序列 a_1，a_2，a_3，… 已经不可能收敛到 s_i 了）。这种策略就可以保证 A 选出的数列的极限不是集合 S 里的任一个数。

接下来就是神奇的一刻了。假如 A 和 B 约定好的集合 S 就是整个实数区间（0，1），那么 B 显然不可能获胜；如果（0，1）是可数集，B是有必胜策略的。于是我们就知道了，（0，1）是不可数集。

既然连（0，1）区间都不可数，整个实数集 $\mathbb{R}$ 当然也就是不可数的了。有趣的是，我们可以在（0，1）区间和整个实数集 $\mathbb{R}$ 之间建立一一对应的关系，从而说明（0，1）区间和实数集 $\mathbb{R}$ 是同一级别的无穷集合，正如正整数集和有理数集是同一级别的无穷集合一样。比如函数 $f(x)=\tan\left(\pi\left(x-\frac{1}{2}\right)\right)$，它是一个从（0，1）区间到实数集 $\mathbb{R}$ 的一对一函数，这就证明两个集合是等势的。利用图1所示的几何方法，我们也能马上看出，如果两根线条的长度不同，它们上面的点也能一一对应起来。即使其中一根线条无限长，我们同样能找到一一对应的方法。我们把所有和（0，1）区间等势的集合都叫做“C 势集”。

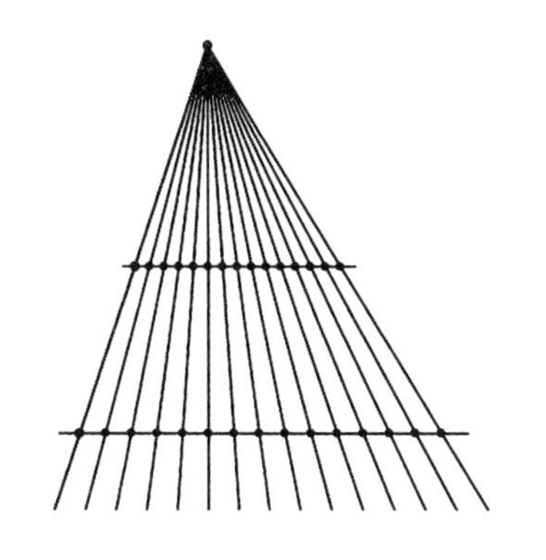

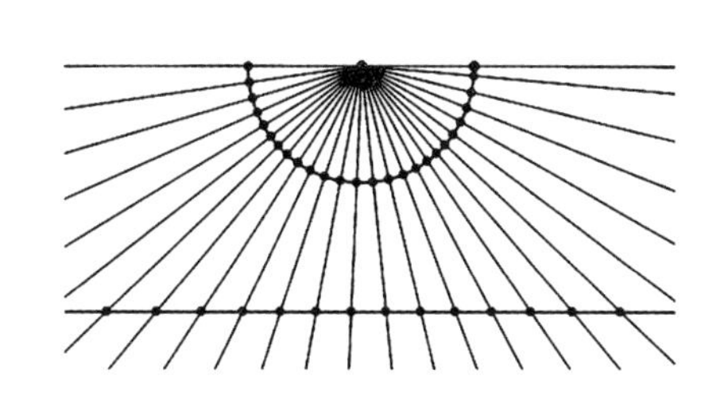

图 1

现在，我们已经有了两种规模不同的无穷：以正整数集为代表的可数集（包括整数集、有理数集、代数数集、可计算数集、可定义数集），以 (0，1) 区间为代表的 C 势集（包括任意长的连续实数区间，甚至是整个实数集 $\mathbb{R}$ ）。这是两个尺度完全不一样的无穷。与可数集比起来，C 势集真的是非常非常大的集合。

有理数集是可数的，但实数集是不可数的，这样我们便可得到一种无理数存在性的非构造性证明。事实上，在全体实数中，几乎所有的数都是像 $\sqrt{2}$ 一样的无理数，有理数仅仅是实数中微不足道的一部分。

类似地，由于代数数是可数的，而实数集不可数，因而我们可以立即推出超越数的存在性。事实上，几乎所有的数都是像 π 、e 那样的超越数，代数数只占实数集中零星的一部分。

同理，由于可计算数是可数的，而实数集不可数，因而实数集中必然存在不可计算数。事实上，几乎所有的数都是像蔡廷常数一样的不可计算数，相比之下，可计算数实在是少得可怜。

同理，由于可定义数是可数的，而实数集不可数，因而在实数集中一定存在不可定义数。

那么，在数学历史上，谁发现了第一个不可定义数呢？答案是，从没有人发现过不可定义的数，以后也不会有人找到不可定义的数。因为不可定义数是无法用语言描述的，我们只能用非构造的方式证明不可定义数存在，但却永远没法找出一个具体例子来。

在实数当中，几乎所有的数都是不可定义的。数学家们所研究的数，只是实数世界中的沧海一粟。不过，数学家们也不会损失什么。每一个值得研究的数一定都有着优雅漂亮的性质，这些性质就已经让它成为了能够被定义出来的数。

5。奇怪的函数（二）

在高中时代，我就已经有收集“另类函数”的爱好了。学习周期函数时，老师告诉我们，常函数（比如 $f(x)=1$）也是周期函数，只不过它们比较特殊——没有最小正周期。当时我就在想，除了常函数以外，还有没有其他的没有最小正周期的周期函数呢？某次看书时，我意外地发现，竟然真的有这样的函数。考虑这么一个函数 $f(x)$：当 x 是有理数时，函数值为 1；当 x 是无理数时，函数值为 0。由于对于任意一个有理数 q，都满足有理数加上 q 还是有理数，无理数加上 q 还是无理数，因此一切有理数 q 都是这个函数的一个周期。由于不存在最小的正有理数，因而这个函数也就没有最小正周期。

后来我才知道，这个函数叫做狄利克雷

(Dirichlet)函数，它是数学分析中非常经典的异形函数。它拥有大量违背直觉的性质，给很多看似成立的数学命题提供了反例。例如，狄利克雷函数竟是一个处处不连续的函数！对狄利克雷函数稍作修改，我们还可以构造出乍看上去更加不可思议的函数。例如，定义这样一个函数 $f(x)$：当 x 是有理数时，函数值就取 x 本身；当 x 是无理数时，函数值为 0。利用函数连续性的定义不难证明，这个函数只在 $x=0$ 处连续，在其他所有点处都不连续。也就是说，它是一个只在一点连续的函数。1875 年，德国数学家卡尔·托马克（Karl Thomae）构造了一个更加怪异的函数：当 x 是有理数时，假设 x 的最简分数表达为 $\frac{n}{m}$，则令函数值为 $\frac{1}{m}$；当 x 是无理数时，令函数值为 0。这个函数的样子大概如图 1 所示，它有一个形象的别名——爆米花函数(popcorn function)。爆米花函数拥有一个非常惊人[①]

① 一些数学书上也把它叫做“黎曼函数”，这是以德国数学家波恩哈德·黎曼（Bernhard Riemann）的名字命名的。

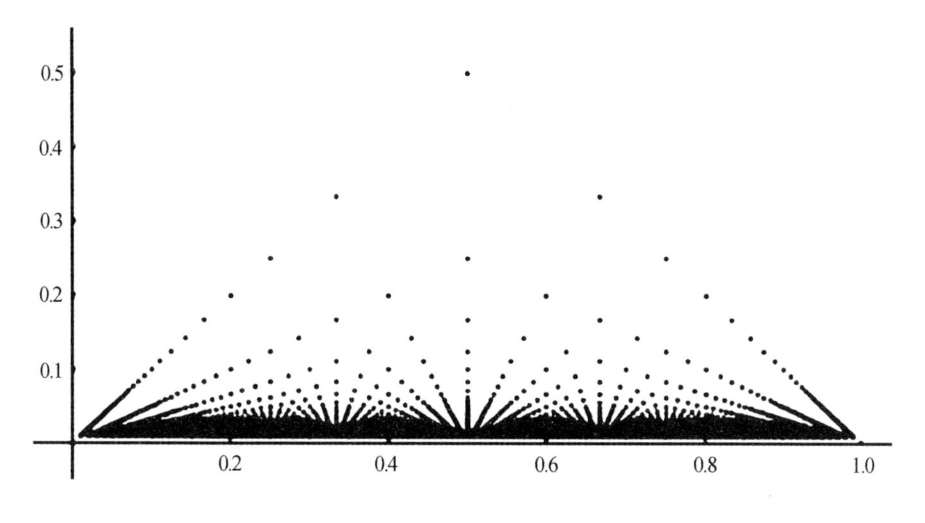

图 1

的性质：它在所有有理点均不连续，在所有无理点均连续。这个例子告诉我们，在研究函数的连续性时，我们会遇到很多复杂的情形，千万不能凭直觉想当然地得出结论。更详细的描述可以在很多数学分析课本中找到。

之后，我便开始收集满足各种奇异性质的函数：处处连续但处处不可导的函数，处处连续但只在一点可导的函数，连续单调递增但导数几乎处处为 0 的函数，连续单调递增并趋于某个上界但导数并不趋于 0 的函数，等等。但是，它们大多是有针对性的、精心构造的函数。我一直没能见到像狄利克雷函数那样简单而又霸气的构造。直到某日，我见识了数学家约翰·康威提出的康威十三进制函数。它是一个从全体实数集映射到全体实数集的函数，其中每个实数都被映射了无穷多次！

康威十三进制函数远不止这点本事。比方说，这个函数虽然处处不连续，但在任意区间 $[a, b]$ 里，函数值都将取遍 $f(a)$ 和 $f(b)$ 之间的所有数。再比方说，这个函数虽然处处有限，但在任意小的区间 $[a, b]$ 里，函数都是无界的。事实上，上面所有这些违反直觉的性质都来源于一个更强的、更不可思议的性质：在任意小的给定区间 $[a, b]$ 里，函数的值域都是整个实数域！这个函数的图像将会布满整个平面直角坐标系，在平面上任意选择一个任意小的区域，我们都能在里面找到该函数的一个点！

康威十三进制函数 $f(x)$ 是这样定义的。首先，把 x 转换为一个十三进制的无限小数（如果是有限小数，可以把它看做一个后面跟有无穷多个数字 0 的无限小数），然后取出它的小数部分。这个小数部分应该是一个由 1、2、3、4、5、6、7、8、9、0、A、B、C 十三种符号组成的无限长的符号串，其中 A、B、C 三种符号是“非十进制符号”。如果这个符号串中非十进制符号的个数有限，并且最后一个非十进制符号是 C、倒数第二个非十进制符号是 A 或者 B，那么就去掉在这个 A 或者 B 以前的所有符号，然后把剩下的符号串视为一个十进制小数（把 A 当成正号，把 B 当成负号，把 C 当成小数点），作为 $f(x)$ 的函数值。其他情况下，$f(x)$ 一律为 0。

比方说，某个 x 是十三进制下的混循环小数 12A. AB3 C71 B67 C61 808 080…。由于它的小数部分有一个形如“符号 A 或者 B 加上一串十进制符号再加上一个 C 再加上一串无限长的十进制符号”的“后缀”(即 B67 C61 808 080…)，那么我们把它提取出来，按规则把它理解成一个十进制小数，得到 −67. 618 080 80…。它就是 $f(x)$ 的值。

显然，对于任意一个给定的 y 以及任意小的一个区间 $[a, b]$，我们都能构造一个位于区间 $[a, b]$

内的实数 x，使得它的十三进制小数展开中，从足够靠后的某个地方起，正好就是实数 y 的小数展开。这就证明了，在任意小的一段区间里，康威十三进制函数的值域都是全体实数。这个函数的图像遍布整个平面，形成一个在整个平面内稠密的点集。

在实分析中，大家会见到各种奇怪的函数，其中狄利克雷函数和康威十三进制函数恐怕是构造最简单、效果最拔群的函数了。不过，这趟“奇异函数”之旅并未结束。在下一节中，你将会看到一个更惊人的东西。

6. 塔珀自我指涉公式

你相信吗，一个不等式的图像里竟然写着这个不等式本身？2001 年，在介绍一种全新的方程图像绘制算法时，杰夫·塔珀（Jeff Tupper）构造了这样一个有趣的不等式：

$$\frac{1}{2} < \left\lfloor \mathrm{mod}\left(\left\lfloor \frac{y}{17} \right\rfloor 2^{-17\lfloor x \rfloor - \mathrm{mod}(\lfloor y \rfloor,\ 17)},\ 2\right) \right\rfloor$$

其中，$\lfloor x \rfloor$表示向下取整，即不超过 x 的最大整数；$\mathrm{mod}(x, y)$ 则表示 x 除以 y 的余数。神奇的是，如果把满足不等式的点描绘在平面直角坐标系上，那么对于某个特殊的数 n，图像在 $0 \leqslant x \leqslant 106$、$n \leqslant y \leqslant n+17$ 的范围内将会是图 1 所示这个模样。

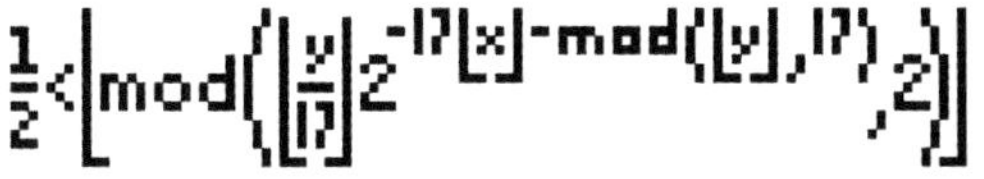

图 1

这个 n 的值是：

485845063618971342358209596249420204
458140058798324454948309308506193470
470880992845064476986552436484999724
702491511911041160573917740785691975
432657185544205721044573588368182982
375413963433822519945219165128434833
290513119319995350241375876523926487
461339490687013056229581321948111368
533953556529085002387509285689269455
597428154638651073004910672305893358
605254409666435126534936364395712556
569593681518433485760526694016125126
695142155053955451915378545752575659
074054015792900176596796548006442782
913148854825991472124850635268663047
6300[①]

---

① 杰夫·塔珀的论文原文中所给出的 n 值可能有误，这里给出的是正确的 n 值。

觉得这个很神奇吧？你也许会想，天哪，这个是怎么构造出来的啊！其实这一点都不神奇。塔珀自我指涉公式仿佛是数学里的魔术，当看穿了里面的把戏之后，你便能轻易构造出无数个这样的式子来，塔珀自我指涉公式也就没什么意思了。继续读下面的内容之前，大家不妨先思考一下。你能看出其中的奥秘吗？

在这个式子里，变量 x 和 y 出现的每个地方都加上了取整符号，因此整个图像都是一格一格的。于是，我们只需要考察 $\frac{1}{2}<\left\lfloor \mathrm{mod}\left(\left\lfloor \frac{y}{17} \right\rfloor 2^{-17x-\mathrm{mod}(y,\ 17)},\ 2\right) \right\rfloor$ 的整数解，把这些解描绘在平面直角坐标系上，再扩展成一幅像素画即可。另外，一个数乘以 2 的负 k 次方相当于对应的二进制数小数点左移 k 位（正如一个数乘以 10 的负 k 次方相当于这个十进制数的小数点左移 k 位），那么 $\left\lfloor \mathrm{mod}(N \cdot 2^{-k},\ 2) \right\rfloor$ 实质上就是 N 的二进制数右起第 k 位上的数字（正如 $\left\lfloor \mathrm{mod}(N \cdot 10^{-k},\ 10) \right\rfloor$ 可以提取出十进制数 N 右起第 k 位上的数字）。当 $x=$

0，1，2，3，… 并且 $y = 17N$，$17N+1$，$17N+2$，…，$17N+16$ 时，指数 $-17x-\mathrm{mod}(y, 17)$ 恰好对应 0，-1，-2，…，-17，-18，-19，…，-34，-35，-36，…，于是位于 $y=17N$ 和 $y=17(N+1)$ 之间的图像的每个像素和 N 的二进制中的每一位数字一一对应。

随着 N 值的增加，图形的像素会一点一点地变化。当纵坐标足够大时，必然会出现一段高度为 17 的图像，图像的样子和不等式本身的样子完全相同。

当然，我们也可以把塔珀自我指涉公式中的 17 改成任何你想要的数。图 2 给出了 $\frac{1}{2} < \left\lfloor \mathrm{mod}\left(\left\lfloor \frac{y}{3} \right\rfloor 2^{-3\lfloor x \rfloor - mod(\lfloor y \rfloor, 3)}, 2\right) \right\rfloor$ 的图像，可以看到，随着纵坐标的增加，图像依次枚举了所有高度为 3 的黑白像素画。

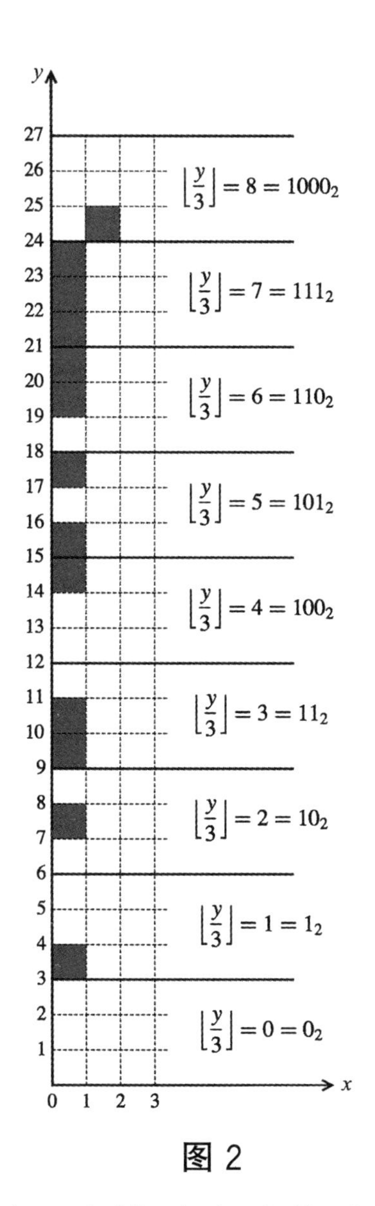

图 2

因而，你可以在塔珀自我指涉公式中“找到”任何你想要的图像，只需要适当选取图像高度，把图像编码为二进制数，并转换为十进制数即可。你甚至可以告诉你的恋人，说你发现了一个函数，函数在某个位置的图像正好是“某某某我爱你”的字样！

7. 俄罗斯方块可以永无止境地玩下去吗？

大家在玩俄罗斯方块的时候有没有想过这样一个问题：如果玩家足够厉害，是不是永远也不可能玩死？换句话说，假设你是万恶的游戏机，你打算害死你面前的玩家，你知道任意时刻游戏的状态，并可以有针对性地给出一些明显不合适的方块，尽量迫使玩家面对最坏的情况。那么，你有没有一种算法能保证害死玩家呢？或者，会不会玩家无论如何都存在一种必胜策略呢？注意，俄罗斯方块的游戏区域是一个宽为 10，高为 20 的矩形，并且玩家可以事先看到下一个给出的方块是什么。在设计策略时必须考虑到这一点。

相信很多人有过这样的经历：玩俄罗斯方块时一开局就给你一个 S 形方块，让完美主义者感到异常别扭。结果，第二个方块还是 S，第三个方块依旧是 S，相当令人崩溃。于是，我们开始猜测，如果游戏机给你无穷个 S 形方块，玩家是不是就没有解了？答案是否定的。如图 1 所示，从第 10 步开始，整个局面产生一个循环；只要机器给的一直都是 S 形方块，玩家可以不断重复这几个步骤，保证永远也死不了。

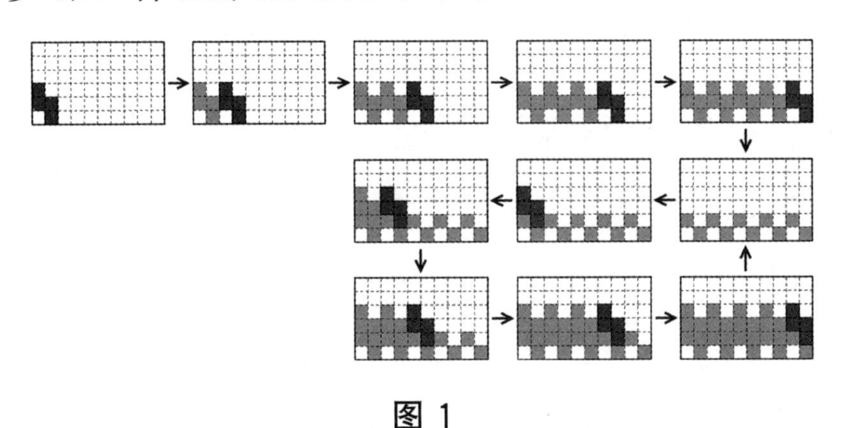

图 1

不过，这个循环是在游戏场地清空了的情况下才产生的。有人会进一步想了，要是在玩着玩着，看到你局势不好时突然给你无穷多个 S 形方块呢？事实上，此时局面的循环依然可能存在，如图 2 所示。在第 5 个 S 形方块落地后，循环再次产生。

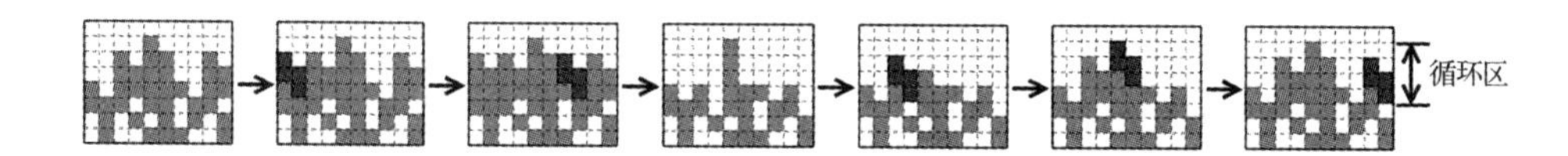

图 2

俄罗斯方块究竟是否存在必死的情况呢？1988 年，约翰·布茹斯托斯基（John Brzustowski）的一篇论文给出了肯定的答案。他给出了一种算法，可以保证游戏机能够害死玩家，即使要求它必须提前向玩家展示下一个方块的形状。构造的关键在于，整个游戏的局面个数是有限的（2 的 200 次方），如果玩家一直不死，在某一时刻必然会重复某一状态。我们把两次重复状态及其之间的游戏过程叫做一个“循环”，这个循环实际影响到的那些行就叫做“实际循环区”。例如，图 2 就是一个循环，这个循环的“实际循环区”是从第 4 行到第 7 行这四行。

我们把宽为 10 的游戏区域划分为 5 个宽为 2 的“通道”，从左至右用 1 到 5 标号。注意到图 1 和图 2 中的两个循环都有一个共同点：每个 S 形方块最终都完全落在某个通道内。事实上，对于任意一个只有 S 形方块的循环，我们都能得出这个结论。也就是说，如果游戏机一直给你 S 形的方块，你却用它们弄出了一个循环，那只有一种可能：所有 S 形方块的下落位置都没有跨越通道（就像图 3 中的方块 A、B 那样，而非方块 C、D 那样）。

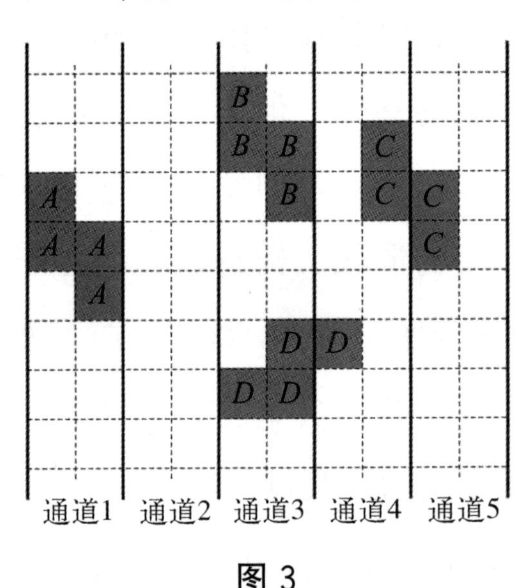

图 3

为了证明这一点，我们对通道编号实施归纳。考虑命题 $P(x)$：如果某个 S 形方块（或它的一部分）落在了通道 x 的左边（或者说前 $2(x-1)$ 列里），那它一定完全落在某个通道内。$P(1)$ 显然成立：方块根本不可能占据通道 1 左边的某个格子，因为通道 1 左边什么都没有。下面我们说明，当 $P(n)$ 为真时，$P(n+1)$ 也为真。

我们首先要证明一个引理：在循环中的任意时刻，通道 n 的实际循环区内绝对不可能出现形如"□■"的两个并排的格子。如图 4（1）所示，假设图中星号方块所在行是通道 n 的实际循环区内位置最低的"□■"的结构。假如这一行被消掉了，又由归纳假设，不存在哪个 S 形方块跨越了该通道的左边界，因此只有一种可能：某个 S 形方块从左侧面挤了进来，如图 4（2）所示。但这样一来，我们又产生了一个更低的"□■"，出现矛盾。这就是说，星号方块所在行一直没被消去。但这也是不可能的，因为实际循环区内是一个新陈代谢、以旧换新的更替过程，每一行最后都是会被消除的。

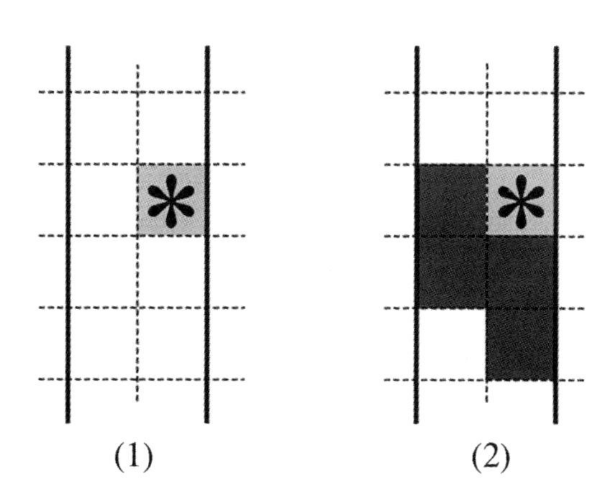

图 4

接下来，考虑命题 $P(n+1)$。要想让S形方块占据通道 n 的格子，只有图5这四种情况。由于我们之前证明了通道 n 中不能存在“□■”，因此在这个S形方块落下之前，星号方块都是已经存在的了。注意到，每一个S形方块的下落都致使“■□”形结构减少，但第一种情形除外——它消除了一个“■□”形结构，但给其上方带来了一个新的，所以“■□”形结构个数保持不变。没有哪种情形能够增加“■□”的个数。但是，通道 n 的“■□”形结构个数应该是恒定的，因为它在一个循环区里。因此，只有第一种情况才能够被接受。

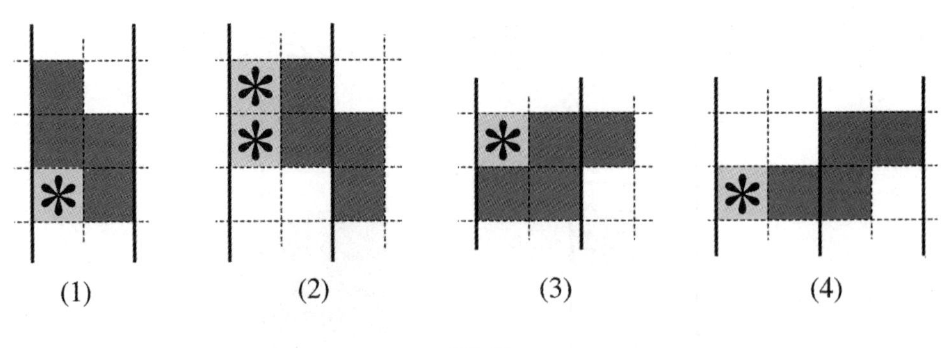

图5

也就是说，仅含有S形方块的循环只有一种情况——S形方块在各个通道内重叠，填满并消除若干行后回到初始状态。实际循环区内的每个通道都是一个模样：底下是 0 个或多个“■■”，顶部一个“■□”。注意，最右侧那个通道的最顶端是一个“■□”，右边这个空白永远也不可能用 Z 形方块填上。也就是说，在一个只含 S 形方块的循环区内，必然会有某一行，它的最右侧是一个“■□”，它保证了该行不能仅用 Z 形方块消掉。如图 6 所示，箭头所指的行无法单用 Z 形方块消除，因为星号位置不可能用 Z 形方块填充。

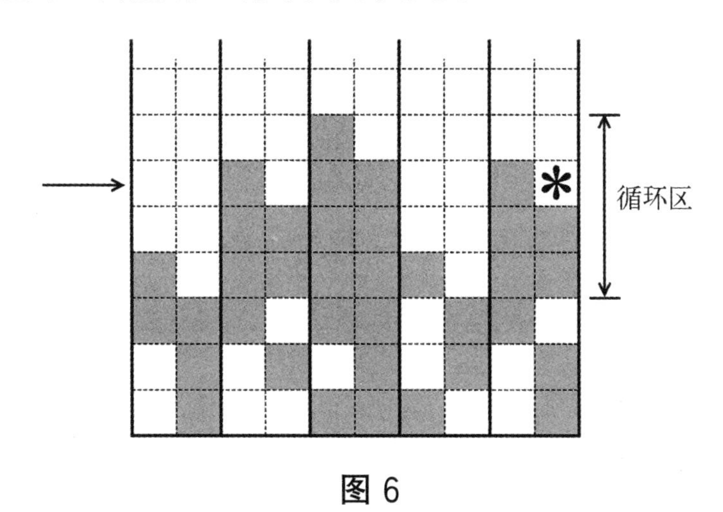

图 6

下面我们给出游戏机害死玩家的算法。

(1) 不断给出 S 形方块并显示下一个方块也为

S 形，直到出现一个循环。

（2）给出一个 S 形方块并显示下一个方块为 Z 形。

（3）不断给出 Z 形方块并显示下一个方块也为 Z 形，直到出现一个循环。

（4）给出一个 Z 形方块并显示下一个方块为 S 形。

（5）跳回（1）并重复执行。

这样的话，玩家为什么会无解呢？由上面的结论，在第（1）步后，游戏区域中出现了一个不能用 Z 形消除的行。即使再给你一个 S 形方块，这一点仍然无法挽救，因为填充星号空格的唯一途径就是插一个 S 形进去，但这立即又产生了一个 Z 形永远放不进去的空位（如图 7 所示）。然后，玩家就拿到了一大堆 Z 形，最终必然会产生另一个循环区，且这个循环区在刚才那个无法消去的行上（循环区不可能包含一个不能消除的行，因为正如前面所说，一个实际循环区的所有行最终都是会被消掉

的，这样才可能循环）。这个循环区的最左边那个通道将会产生一个“□■”结构，是S形方块所不能消去的。于是，游戏机又给出一大堆的S，最终使得两种无法消去的行交替出现，直至游戏结束。

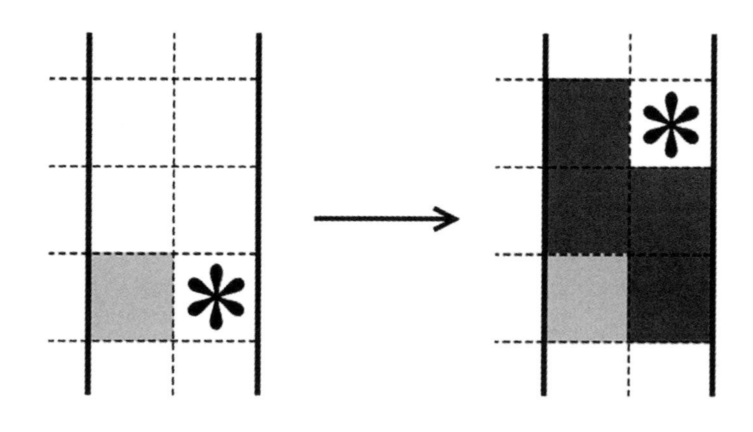

图7

到此为止，我们便完成了整个证明。有人或许会指出：现实的游戏机并没有主观能动性啊？事实上，即使方块是随机出的，如果你倒霉到家了，这种特殊的方块序列可能恰好就让你一个不错过地碰上了。虽然这种怪事的发生概率非常非常低，但理论上说毕竟是有可能的，因此俄罗斯方块终究不是玩不死的，总有一个时刻会Game Over。

有趣的是，这个结论还可以直接扩展到场地为任意宽度的俄罗斯方块游戏。当场地宽为其他偶数时，上述证明同样有效；当场地宽为奇数时，无穷多个方形方块就可以直接干掉玩家。

8. 无以言表的大数：古德斯坦数列

我们刚才见识了很多大数。不过，比起古德斯坦（Goodstein）数列来，就算小巫见大巫了。

一个 b 进制的数总可以写成 $a_n b^n + a_{n-1} b^{n-1} + \cdots + a_1 b + a_0$ 的形式，其中 a_0，a_1，…，a_n 都是小于 b 的数。四进制数 102 312 可以写成 $1 \times 4^5 + 2 \times 4^3 + 3 \times 4^2 + 1 \times 4 + 2$，正如十进制数 1206 可以写成 $1 \times 10^3 + 2 \times 10^2 + 6$ 一样。麻烦的是，在 102 312 的四进制数展开式中，有 1×4^5 这么一项，而指数 5 却并不是一个四进制展开式。对于一个完美主义者来说，或许要把 1×4^5 里的那个 5 也改写成 $4+1$，这才算是“真正的”四进制展开。同理，二进制数 1 000 011 写成 $2^6 + 2 + 1$ 还不够，$2^{2^2+2} + 2 + 1$ 才是真正的二进制展开。当然，倘若指数的指数还有太大的数字，我们应该继续对其

进行展开，直到整个展开式只由不超过底数 b 的数字组成。不妨把这种 b 进制的展开方式叫做“完全 b 进制展开”。

给定一个初始的正整数 m，我们可以根据下面的规则生成古德斯坦数列 $G_i(m)$。其中，$G_1(m)$ 就等于 m 本身，$G_2(m)$ 则是把 $G_1(m)$ 的完全二进制展开中所有的数字 2 都替换成 3 后再减去 1 所得的数，$G_3(m)$ 则是把 $G_2(m)$ 的完全三进制展开中所有的数字 3 都替换成 4 后再减去 1 所得的数，以此类推。比方说，当 $m=8$ 时：

$$G_1(8)=8=2^{2+1}$$

$$G_2(8)=3^{3+1}-1=80=2\times 3^3+2\times 3^2+2\times 3+2$$

$$G_3(8)=2\times 4^4+2\times 4^2+2\times 4+2-1=533=\cdots$$

……

古德斯坦定理指出，不管初始数 m 是多少，按照上述方法迭代下去，最后总有一个时刻会变成 0。例如，当 $m=3$ 时：

$G_1(3)=3=2+1$

$G_2(3)=3+1-1=3$

$G_3(3)=4-1=3$

$G_4(3)=3-1=2$

$G_5(3)=2-1=1$

$G_6(3)=1-1=0$

6步之后，数列便收敛到了0。不过，这并不稀奇。到了第3步，展开式中已经没有可以替换的数了；在此之后，数列开始递减，很快便成了0。

但是，当$m=4$时，情况就大不一样了：

$G_1(4)=4=2^2$

$G_2(4)=3^3-1=26=2\times3^2+2\times3+2$

$G_3(4)=2\times4^2+2\times4+2-1=41=2\times4^2+2\times4+1$

$G_4(4)=2\times5^2+2\times5+1-1=60=2\times5^2+2\times5$

$G_5(4)=2\times6^2+2\times6-1=83=2\times6^2+6+5$

……

这个数列将会持续增长到几百，然后增长到几千，然后增长到几万、几亿，然后增长到几百位数、几千位数甚至上亿位数。但根据古德斯坦定理，数列最终总会回到0的，只不过花费的时间有可能会相当长。事实上，一直要到第 $3\times2^{402\,653\,211}-2$ 步，数列才会变成0。$3\times2^{402\,653\,211}-2$ 步！这是一个拥有上亿位数字的超级大数！

我们通常用 $G(m)$ 来表示初始值为 m 时迭代到0所需要的步数。我们已经知道了 $G(3)=6$，而 $G(4)=3\times2^{402\,653\,211}-2$，可见函数 $G(m)$ 增长速度之快。$G(5)$ 则是一个更大的数，它的位数将会远远超过 $G(4)$。（注意，并不是说它的位数超过了 $G(4)$ 的位数，而是它的位数超过了 $G(4)$。）

那么 $G(8)$ 呢？这将会是一个非常非常巨大的数，即使说它有多少位，或者它的位数有多少位，或者需要在前面那句话里嵌套进多少个“的位数”，也无法表达出它的大小来。

除非……除非我们自创一种大数表示法。

9. 乘法之后是乘方，乘方之后是什么？

《哥德尔、艾舍尔、巴赫：集异璧之大成》一书的作者曾经说过，他小时候曾经有一个最让他激动的想法：3＋3＋3，用3个3和自身运算！

但我小时候并不觉得这很令人激动，因为我很早就知道，3个3相加就是3乘以3。但我好奇的是，这会有什么样的应用题呢？每次买3个苹果，连续买了3次，问一共买了多少个苹果？这听上去似乎不太自然。

后来我才知道，长方形的面积计算就是乘法应用最常见的例子。而倍数关系的表达更是让我大开眼界——在比较两个相差甚远的数量时，我们可以利用乘法的关系，直接使用“我比你多多少倍”的句型！

于是我自然往下想了下去，如果拿3个3和自己相乘，会得到什么呢？后来我知道了乘方的概念。乘方，或者叫幂，这个概念并不是自古就有的。古希腊人发明了平方和立方，但只用于面积、体积的计算。在当时，4次方、5次方是没有任何实际意义的。随着人类文明的进步，人们需要应付的数字也越来越庞大。重复对折纸张、增长率的叠加和赌博游戏中的翻番都会涉及相同数量的连乘。于是，到了文艺复兴时期，数学家们开始用乘方来表示把同一个数连乘多次的结果，a^b 就表示 b 个 a 相乘。和科技、建筑、能源、生产力一样，发明大数记号也成了人类历史中不可缺少的一环。

利用乘方的记号，我们已经能表示宇宙中几乎所有有意义的数了，整个宇宙的基本粒子数量也不过 10^{80}。

但不知大家是否曾想过，乘方之上究竟是什么？

很容易想到，比乘方更大一级的运算就是把 b 个“a 次方”重叠起来。不过，这里我们却遇到了一个之前不曾遇到的问题：a^{a^a} 究竟应该等于 $(a^a)^a$，还是 $a^{(a^a)}$？我们不妨亲自算一算，不同算法得到的结果相差有多远：

$$(2^2)^2 = 4^2 = 16$$

$$2^{(2^2)} = 2^4 = 16$$

难道用两种不同的计算顺序得到的结果总是相同的吗？换 $a = 3$ 试试：

$$(3^3)^3 = 27^3 = 19\ 683$$

$$3^{(3^3)} = 3^{27} = 7\ 625\ 597\ 484\ 987$$

哇，这下可就差远了。可以想象，如果把“a 次方”再多迭代几次，从右往左算和从左往右算会差得更多。恐怖的是，我们通常约定，当有多重指数时，运算正是按照从右往左算的顺序进行的。试想，若有一种运算专门用来表示 b 个 a 构成的指数塔，这种运算的威力会有多大?

1947 年，当英国数学家鲁本·古德斯坦（Reaben Goodstein）研究前一节提到的那个序列时，他遇到了一些连乘方也无法表达出来的大数。于是，古德斯坦便正式提出了这种超越乘方的运算。他把 b 个指数 a 迭代的结果记为 ${}^{b}a$，也就是把 b 放在 a 的左上角（见图 1)。这也就是我们现在所说的“超级幂”。在国外的一些论坛上，有时也能看见 a^^b 的表示方法，便于在纯文本格式下传播。

$$ {}^{b}a = a^{a^{\cdot^{\cdot^{a}}}} \Big\} b\text{个}a $$

图 1

不过，当时古德斯坦并没有用超级幂（super-exponentiation）一词，而是用的 tetration 一词。这是由前缀“四”(tetra-）和迭代（iteration）一词合成的，意即排在加法、乘法、乘方之后的第四级运算。事实上，tetration 比 superexponentiation 更常用一些。网上甚至有一个 tetration 论坛，论坛里活跃着一群热爱 tetration 的数学玩家。

超级幂是一个极为厉害的运算，它的增长速度非常惊人。在很小的数之间进行超级幂运算，就有可能得到一个巨大的天文数字。$^{3}2$ 等于 $2^{2^{2}}=16$，而 $^{4}2$ 就等于 $2^{2^{2^{2}}}=65\,536$。那么，$^{5}2$ 等于多少呢？它应当等于 2 的 65 536 次方，其结果是一个上万位的数。那 $^{6}2$ 呢？$^{100}100$ 呢？大家自己去想象吧。

这时，我们仿佛重新遇到了我小学时代的困惑：超级幂有什么用途？我们能用超级幂编出什么应用题来？刚才说到，古希腊人生活太简单，不知道乘方有什么实际意义。现在，我们自己似乎也变成了窘迫的古希腊人。是否随着人类文明的进一步发展，未来人会随手使用超级幂，并在某本数学书上分析 21 世纪的人类为什么还要如此吃力地发明超级幂呢？我觉得有可能，不过这并不重要。现在的我们已经认识到，数学发展的动力并不是解释生活中的现象，数学发展的动力是数学这个学科本身。超级幂在生活中没有实际意义，并不妨碍我们发明超级幂这个记号。

人类的想象力是无止境的。即使超级幂已经大到没有任何实际意义的地步，大家还是会问，再把“a 次超级幂”迭代 b 层（注意运算顺序仍是从最深那一层开始），又会得到什么？是否就得到了第五级的运算呢？或许你马上就意识到了，这样扩展上去是没有尽头的，每一级运算迭代之后都能产生更高一级的运算。虽然此时脑子已经有点乱了，但是数学语言的严格性和理想性告诉我们，利用某种清晰的数学符号和递归法则，我们一定有办法定义出等级越来越高的运算来。

$$\left.{}^{a^{\cdots}}{}^{a}a\right\}b\text{个}a=?$$

图 2

古德斯坦厉害就厉害在这儿。他定义了古德斯坦记号 $G(n, a, b)$，以此表示 a 与 b 之间的第 n 级运算。当 $n=0$ 时，规定 $G(0, a, b)=b+1$。也就是说，第 0 级运算是一个一元运算——自然数的后继。当 $n=1$ 时，规定边界值 $G(1, a, 0)=a$，并规定 $G(1, a, b)$ 表示对 $G(1, a, 0)$ 的值进行上一级操作（后继操作），并重复迭代 b 次，其结果也就是 a 加上 b。一般地，有：

$$G(n, a, b)=G(n-1, a, G(n, a, b-1))$$

其中边界值为：

$G(1, a, 0)=a$

$G(2, a, 0)=0$

$G(3, a, 0)=1$

$G(4, a, 0)=1$

$G(5, a, 0)=1$

……

这就形式化地给出了第 n 级运算的意思。

其实，类似的东西不止一次地被提出过。高德纳（Knuth）箭头记号也是一种常用的大数表示方法，其思想与古德斯坦记号几乎完全一样。阿克曼（Ackermann）函数也是一个神速增长的函数，它的定义也有异曲同工之处。很多外文数学论坛则用

$a[n]b$ 来表示 a 与 b 之间的第 n 级运算，是我比较喜欢的一种符号。

当然，有 $a[n]b$，必然会有 $a[a[n]b]b$，从而又会有 $a[a[a[n]b]b]b$ ……没有最大的数，只有更大的数。人脑和数学是两个神奇的东西，没有什么数大到人脑想不出来，也没有什么数大到数学表示不出来。仅仅在脑中试想一下 100[100]100，你的思维就已经超越了整个宇宙的大小了。

10. 不同维度的对话：带你进入四维世界

人的思维能够超越宇宙的大小，这并不奇怪。事实上，人的思维还能超越宇宙的维度。借助类比的思想，我们可以在大脑中勾勒出一幅四维世界的景象。

生活在三维世界的我们，确实很难理解四维空间。正如我们很难告诉二维世界的人，三维空间是什么样子的。

现在，假设我是一个二维世界的人，我不能理解什么是“高度”，什么是“体”，什么是“空间”。你想向我描述三维世界中的立方体。你该怎么说呢？你或许会从立方体的展开图开始谈起：图 1 就是一个立方体的展开图，如果我们剪一个这种形状的纸板，就可以把它折成一个正方体。我不理解了。

图 1

你说说该怎么做呢？

先把上面几个正方形折起来，把对应的边粘在一起……

等会儿呢等会儿呢，这几个正方形是稳定的形状呀，它们的边怎么可能挨到一起呢？

傻了吧！在二维世界中它们不是活动的，但是它们可以向第三维度弯折啊！画个图 2 给你看吧，这就是把上面那几个正方形粘合起来的样子，这就成了一个没有封顶、还差一面的正方体……

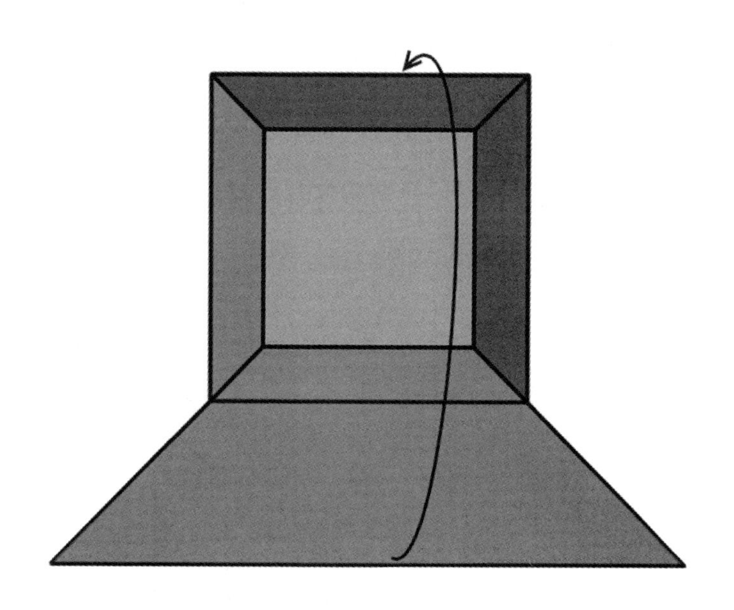

图 2

你耍赖！你这样弯折了之后正方形就不是正方形了，都变成梯形了！

不对，它们仍然是正方形。图 2 的 6 块区域其实都是正方形，只是由于透视作用，它们看上去好像变“斜”了。

嗯，好吧，你继续。

现在我们得到的是一个有盖的盒子。上面 5 个正方形（其中有 4 个由于处于第三维度而变了形）的“内部”已经形成“空间”了，可以往里面放东西了。要想做成一个封闭的正方体，只需要把剩下的那个正方形合上去就行了，最终结果就像图 3 那样。

图 3

咦？图 3 里面，刚才最后要合上去的那个正方形到哪儿去了？

它就是最大的那个正方形。

胡说！那个大正方形是 5 个小正方形拼成的！这个大正方形刚才在图 2 里也有！

不是的。图 2 里的大正方形的确是 5 个小正方形拼成的轮廓，但图 3 里的那个大正方形是真实存在的，它就是最后合上去的那一块。这个大正方形也并不是和那 5 个小正方形重叠在一起，它们在第三维中的层次是不同的。图 3 就是你梦想的那个正方体了，它由 6 个正方形组成。你在图 3 中看到的一个小正方形，一个大正方形，四个梯形事实上都是正方形，而且它们都一样大。这 6 个正方形围成了中间的那个“空间”。

我还是不明白。那个大正方形也是在第三维度的，为什么它没变形呢？

这是因为，这个正方形是正对着我们的，它所在的方向不是第三个维度，因此看上去和原来一样。

那同一个方向上为什么又有一大一小两个正方形呢？

唉，真麻烦。这是因为，它们的朝向虽然一

样，但在第三维度上的位置不一样。小的那个正方形在第三个维度上离我们远一些，看起来就要小一些。

哦！我有点明白了。是不是说，旁边一圈那4个“正方形”是跨越了第三维的，因此在第三维空间中一部分离我们近，一部分离我们远，于是看上去就是由大到小渐变过去的，就像是变形了。

对！你理解得很好！说真的，平时生活在三维空间中，我都还没仔细想过这一点呢。

我好像真的明白了，说错了不要笑我哦。那个“空间”啊，说穿了就是大正方形擦着4个变形正方形在第三维度上向远处的小正方形移动所产生的“轨迹”。

正是正是！

哎呀我彻底明白了。怪不得我们说 n 维立方体有 2^n 个顶点呢，其实道理很简单。只需要把

$n-1$ 维立方体复制一份，然后把对应的顶点相连就可以了。这就是 $n-1$ 维立方体在第 n 维发生位移的结果，新增的那 2^{n-1} 条边就是点的轨迹。

太棒了！就是这样！我还给你看一个好玩的东西，让你看看三维立方体是如何旋转的。如图 4 所示，睁大眼睛仔细看好每个正方形都变到哪儿去了。

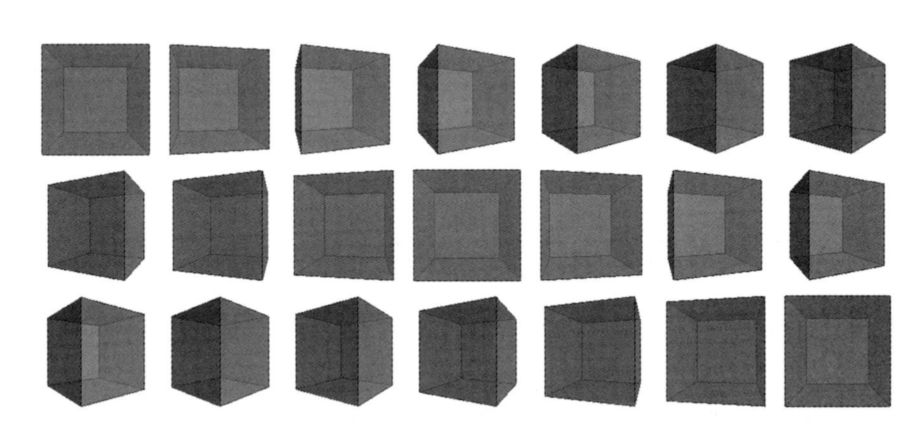

图 4

我又糊涂了。为什么从第二幅图变成第三幅图时，远处的小正方形能够穿越左边界，让其中一小半跑到边界左边来？

这个确实不好理解。小正方形并没有“穿过”

那条竖直的边，那条边在第三维上离我们更近，而它在我们这个方向上的投影又与小正方形重合了。其实你可以看到，它们之间的拓扑关系仍然是不变的。

哦，于是乎远处的小正方形就转到侧面去了，然后又转到离我们近的位置来了，替代了原先大正方形的位置……

回去没事多想想吧。期待你睡觉时能够做出一个三维的梦。

好的。谢谢你让我懂得了三维空间。看来，二维世界的人理解三维空间真不容易啊！

好了，回到现实中来。这次，让我们交换一下位置，由我来描绘一个四维立方体的样子吧。你会发现，现在，一切都比你想象中的更容易了。

四维立方体是由 8 个大小相同的三维立方体组成的，其展开图如图 5 所示。

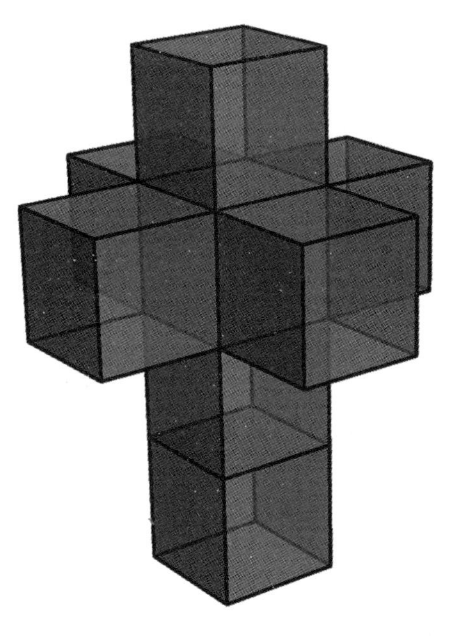

图 5

图 6 是粘合出来的四维盒子，还差一个盖子没有盖。这些看起来像棱台的东西其实都是根正苗红的正方体，只是由于它们在四维空间中位置不同，发生了透视。

把盖子盖上后，我们就看到了传说中的四维立方体，如图 7 所示。

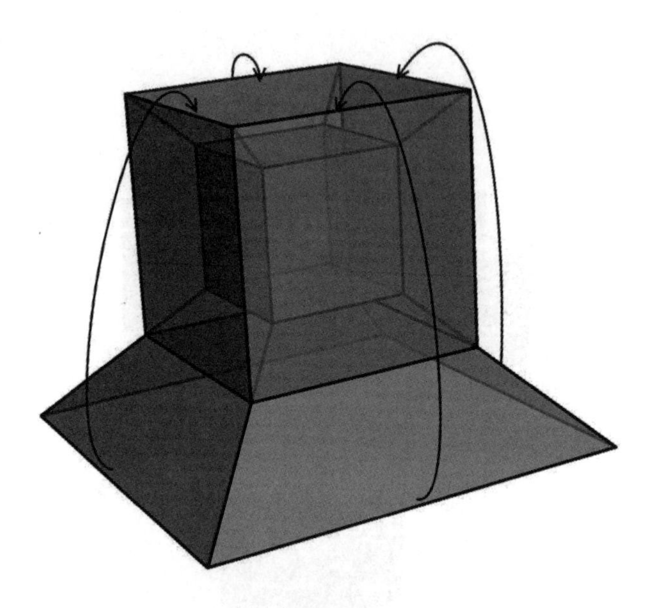

图 6

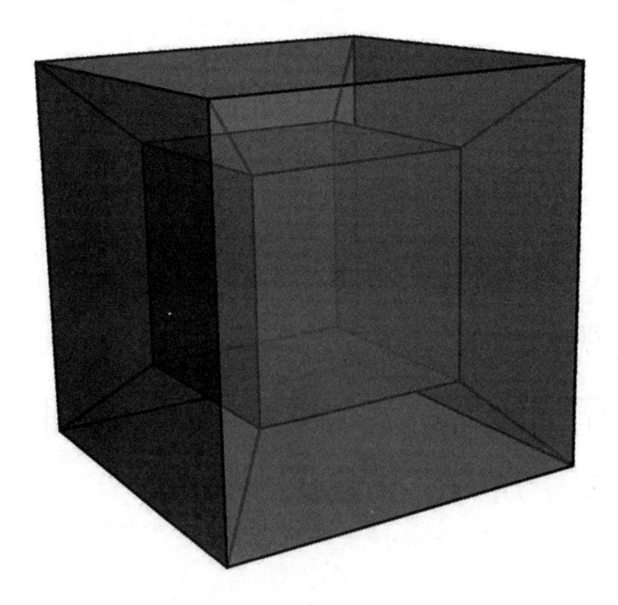

图 7

相信不少人都已经在其他地方见过这个图形了。图上有一大一小两个标准模样的立方体，这是第四维度上位置不同但都正对我们的两个“三维面”。其他棱台其实都是正方体，只是看上去因透视而变形。四维立方体可以看做三维立方体的移动轨迹，因此画一个四维立方体很简单：画两个三维立方体，然后连接对应顶点即可。如图 8 所示，观察四维立方体的旋转，你会看到里面的小立方体穿过一个面跑到了外面，接下来还将继续变成最外面的大立方体。这一切都和二维向三维的推广是类似的。仔细观察思考，你还会发现更多可以类比的地方。

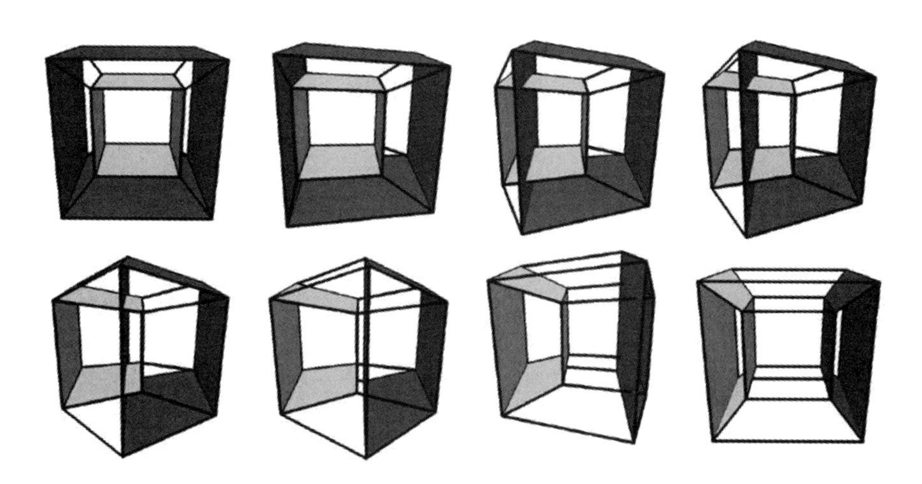

图 8

现在，合上书，闭上眼，体会一下超越三维空间的美妙感吧。

祝愿你今晚能够做一个四维的梦。